T0207903

essentials

essentials liefern aktuelles Wissen in konzentrierter Form. Die Essenz dessen, worauf es als „State-of-the-Art" in der gegenwärtigen Fachdiskussion oder in der Praxis ankommt. *essentials* informieren schnell, unkompliziert und verständlich

- als Einführung in ein aktuelles Thema aus Ihrem Fachgebiet
- als Einstieg in ein für Sie noch unbekanntes Themenfeld
- als Einblick, um zum Thema mitreden zu können

Die Bücher in elektronischer und gedruckter Form bringen das Fachwissen von Springerautor*innen kompakt zur Darstellung. Sie sind besonders für die Nutzung als eBook auf Tablet-PCs, eBook-Readern und Smartphones geeignet. *essentials* sind Wissensbausteine aus den Wirtschafts-, Sozial- und Geisteswissenschaften, aus Technik und Naturwissenschaften sowie aus Medizin, Psychologie und Gesundheitsberufen. Von renommierten Autor*innen aller Springer-Verlagsmarken.

Weitere Bände in der Reihe   http://www.springer.com/series/13088

Klaus Stierstadt

Die Grenzen der Physik in Natur und Technik

Vom Atomkern zur Galaxie

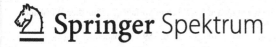

Klaus Stierstadt
Fakultät für Physik, Universität München
München, Deutschland

ISSN 2197-6708   ISSN 2197-6716   (electronic)
essentials
ISBN 978-3-658-34801-4   ISBN 978-3-658-34802-1   (eBook)
https://doi.org/10.1007/978-3-658-34802-1

Die Deutsche Nationalbibliothek verzeichnet diese Publikation in der Deutschen Nationalbibliografie; detaillierte bibliografische Daten sind im Internet über http://dnb.d-nb.de abrufbar.

© Der/die Herausgeber bzw. der/die Autor(en), exklusiv lizenziert durch Springer Fachmedien Wiesbaden GmbH, ein Teil von Springer Nature 2021
Das Werk einschließlich aller seiner Teile ist urheberrechtlich geschützt. Jede Verwertung, die nicht ausdrücklich vom Urheberrechtsgesetz zugelassen ist, bedarf der vorherigen Zustimmung der Verlage. Das gilt insbesondere für Vervielfältigungen, Bearbeitungen, Übersetzungen, Mikroverfilmungen und die Einspeicherung und Verarbeitung in elektronischen Systemen.
Die Wiedergabe von allgemein beschreibenden Bezeichnungen, Marken, Unternehmensnamen etc. in diesem Werk bedeutet nicht, dass diese frei durch jedermann benutzt werden dürfen. Die Berechtigung zur Benutzung unterliegt, auch ohne gesonderten Hinweis hierzu, den Regeln des Markenrechts. Die Rechte des jeweiligen Zeicheninhabers sind zu beachten.
Der Verlag, die Autoren und die Herausgeber gehen davon aus, dass die Angaben und Informationen in diesem Werk zum Zeitpunkt der Veröffentlichung vollständig und korrekt sind. Weder der Verlag noch die Autoren oder die Herausgeber übernehmen, ausdrücklich oder implizit, Gewähr für den Inhalt des Werkes, etwaige Fehler oder Äußerungen. Der Verlag bleibt im Hinblick auf geografische Zuordnungen und Gebietsbezeichnungen in veröffentlichten Karten und Institutionsadressen neutral.

Planung/Lektorat: Margit Maly
Springer Spektrum ist ein Imprint der eingetragenen Gesellschaft Springer Fachmedien Wiesbaden GmbH und ist ein Teil von Springer Nature.
Die Anschrift der Gesellschaft ist: Abraham-Lincoln-Str. 46, 65189 Wiesbaden, Germany

Was Sie in diesem *essential* finden können

- Sie erhalten einen Einblick in die Naturgesetze der Physik sowie in die Begrenztheit unseres Wissens und Könnens.
- Sie lernen, welche prinzipiellen Grenzen unserer Erkenntnis durch die Naturgesetze definiert werden.
- Sie erfahren, in welchen Grenzen die physikalischen Größen durch unsere technischen Fähigkeiten veränderbar sind.
- Sie lernen, was die Planck-Größen bedeuten und welche Grenzen durch sie gesetzt sind.

Vorwort

All unser Wissen und unsere Fähigkeiten sind begrenzt. Das bestimmen die Naturgesetze aber auch unsere Ressourcen und technischen Möglichkeiten. In diesem Buch nehmen wir deren Grenzen unter die Lupe. Wir untersuchen, was von der Wissenschaftsphantasie, der Science Fiction übrig bleibt, wenn wir die Wirklichkeit, die Science Reality betrachten.

Unsere Darstellung gliedert sich in drei Teile: Eine Einführung beschreibt unsere Stellung als Menschen in dieser Welt sowie unsere Begrenztheit im Raum, in der Mitte zwischen Atomen und Galaxien. Da gibt es naturgemäß zwei Arten von Grenzen: Solche, die durch Naturgesetze festgelegt sind und solche, die unseren technischen Möglichkeiten entsprechen. Im Teil I werden dann die Naturgesetze selbst und ihre Begrenzungen besprochen. Im dritten Teil II betrachten wir die wichtigsten physikalischen Größen wie Energie, Impuls, Temperatur, Magnetfeld usw., ihre Zahlenwerte in Natur und Technik sowie ihre Grenzen.

Manche der im Text vorkommenden Naturkonstanten sind heute sehr genau bekannt, bis auf zehn Stellen hinter dem Komma. Wir beschränken uns bei den meisten Angaben aber auf zwei solche Stellen. Das entspricht einer Genauigkeit von etwa einem Prozent und ist für unsere Betrachtungen völlig ausreichend.

Zum Inhalt dieses Buches haben viele Studierende und Kollegen beigetragen. Ich bedanke mich dafür vor allem bei den Hörern meiner Vorlesungen, aber auch bei vielen Kollegen, unter anderem Matthias Bartelmann, Martin Faessler, Ferenc Krausz und Udo Seifert.

Klaus Stierstadt

Inhaltsverzeichnis

Einführung

In der Science-Fiction-Literatur und in den entsprechenden Filmen findet man viele überraschende und unwirkliche Phänomene: Zeitreisen, magische Fernwirkung, Teletransport usw. Ist das alles Utopie oder gibt es dafür wirkliche Beispiele und Erklärungen? Diese Frage stellt sich immer einmal wieder angesichts der erstaunlichen Phänomene, die uns da vorgespielt werden. Man sollte dabei unterscheiden zwischen den akrobatischen technischen Kunststücken, die James Bond uns hier auf der Erde präsentiert und den unglaublichen Vorgängen der Science Fiction in Raumschiffen, im Weltraum oder auf fremden Sternen. James Bonds Abenteuer und ihre technischen Grenzen sind in der Literatur [1] sogar quantitativ beschrieben. Die Reisen zu fremden Welten oder die Fähigkeiten der Aliens sind dagegen zum größten Teil utopischer Natur [2]. Sie widersprechen oft den Naturgesetzen, und dafür gibt es Grenzen.

„Unser Wissen ähnelt einer Kugel. Mit ihrer Größe wächst auch ihre Oberfläche und damit ihre Berührung mit dem Unbekannten". Diese alte Erkenntnis gilt sowohl in der Natur als auch für unsere Technik. In beiden Bereichen gibt es Grenzen, die einerseits durch Naturgesetze und andererseits durch unsere Möglichkeiten und Fähigkeiten gegeben sind. Die **Naturgesetze** bzw. die **Grundgesetze der Physik** sagen uns, was wir im Raum wahrnehmen können, sowohl im Großen wie im Kleinen. Sie sagen uns auch, wie schnell wir uns oder ein Objekt bewegen können, wieviel Energie wir aufbringen oder umwandeln können und welche Temperaturen, Kräfte oder Feldstärken wir realisieren können usw. In der Science-Fiction-Welt und in den Abenteuerfilmen werden diese Grenzen oft überschritten. Und darin liegt ja gerade deren Reiz.

Es hat sich herausgestellt, dass man zwei verschiedene Arten von **Grenzen** unterscheiden muss: Einerseits gibt es solche, die von den Grundgesetzen definiert werden, und die man prinzipiell nicht überschreiten kann. Es sei denn,

© Der/die Autor(en), exklusiv lizenziert durch Springer Fachmedien Wiesbaden GmbH, ein Teil von Springer Nature 2021
K. Stierstadt, *Die Grenzen der Physik in Natur und Technik*, essentials,
https://doi.org/10.1007/978-3-658-34802-1_1

diese Gesetze werden durch neue Erkenntnisse modifiziert. Da sind zum Beispiel die Lichtgeschwindigkeit als schnellstmögliche Form der Bewegung oder
der Energieerhaltungssatz als prinzipielle Grenzen. Andererseits gibt es Grenzen, die durch die Möglichkeiten der Technik oder durch die Fähigkeiten der
Ingenieure und Erfinder gegeben sind. Diese Grenzen können bei fortschreitender Entwicklung durchaus in größere oder kleinere Bereiche hinausgeschoben
werden. Beispiele sind die mit Motoren oder Raketen erreichbaren Geschwindigkeiten oder die Umwandlung von Wärmeenergie in Arbeit bzw. der Wirkungsgrad
von Maschinen. Auch die Höchstleistungen im Sport gehören zu dieser Art von
Grenzen.

Wir werden im Teil I dieses Buches zunächst die Grundgesetze besprechen
und wir werden erläutern, welche Art von prinzipiellen Grenzen sich aus diesen
ergeben. Und im Teil II beschäftigen wir uns dann vor allem mit den technisch
bedingten Grenzen, die sich durch Fortschritte in Theorie und Praxis verändern
lassen. Zuvor wollen wir jedoch einen Blick in die nähere und weitere Umgebung unserer Welt werfen. Dabei werden wir sehen, wie weit die Grenzen unserer
Kenntnisse der Natur heute reichen, in kleinsten und in größten Dimensionen, in
der Mikro- und in der Makrophysik.

In der Abb. 1.1a, 1.1b und 1.1c ist unsere **Stellung in der Welt** skizziert,
begrenzt von Atomen auf der einen Seite und von Galaxien auf der anderen.
Der Ausdehnungsbereich erstreckt sich hier über 30 Größenordnungen und wir
befinden uns, ganz grob gesagt, in der Mitte. Unser Verständnis der Natur, vom
Wasserstoffatom bis zur Milchstraße ist heute relativ gut begründet. Wir haben
etwa ein Dutzend fundamentale physikalische Gesetze, mit denen die Welt recht
genau beschrieben werden kann. Aber unser Blick reicht natürlich darüber hinaus, in noch kleinere und noch größere Bereiche der Welt. Hier stoßen unser
Wissen und unsere Gesetze an Grenzen, die bisher nicht überschritten werden
können. Und bis zu diesen Grenzen haben wir Modelle entwickelt, die beschreiben, was wir dort beobachten: Das Standardmodell der Elementarteilchen und das
Standardmodell der Kosmologie. Diese Modelle fassen unsere gesamte heutige
Erfahrung zusammen. Einen kurz gefassten Überblick findet man zum Beispiel in
[10]. Die damit zusammenhängenden erkenntnistheoretischen Fragen werden in
[17] diskutiert.

In der Abb. 1.2 ist das **Standardmodell der Elementarteilchen** skizziert. Es
umfasst die Liste der heute bekannten 17 Teilchen mit ihren Massen (in Einheiten von GeV/c^2 $\approx 1,78 \cdot 10^{-27}$ kg), ihren elektrischen Ladungen (in Einheiten
von $e_0 \approx 1,60 \cdot 10^{-19}$ As) und ihren Drehimpulsen bzw. Spins (in Einheiten von
$h/2\pi \approx 1,06 \cdot 10^{-34}$ Js). Bis heute ist nicht bekannt, ob es noch weitere ähnliche
Teilchen gibt, obwohl man das vermutet und viel Geld in Versuche investiert,

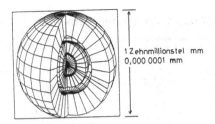

Abb. 1.1a Vereinfachtes Bild eines Atoms. Der in der Mitte des Bildes befindliche Atomkern hat in diesem Maßstab einen Durchmesser von weniger als einem tausendstel Millimeter. Die Elektronen halten sich bevorzugt in den angedeuteten Kugelschalen auf, der sogenannten Atomhülle

Abb. 1.1b Wir im Kosmos (Pionier-Plakette)

Abb. 1.1c Skizze der Milchstraße (Durchmesser 120.000 Lichtjahre). Im Zentrum befindet sich wahrscheinlich ein supermassives Schwarzes Loch mit 4 Mio. Sonnenmassen. Der Ort der Sonne ist rechts angedeutet. (Foto: NASA/JPh/R. Hurt)

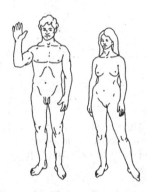

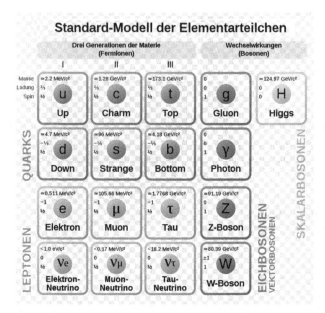

Abb. 1.2 Standardmodell der Elementarteilchen. Zu allen Materieteilchen gibt es noch die Antiteilchen mit entgegengesetzter elektrischer Ladung. Aber diese sind instabil und kommen in der Natur nicht dauerhaft vor (Autor: Miss MJ)

solche zu finden (Das Europäische Kernforschungszentrum (CERN) bei Genf hat einen Jahresetat von etwa 1 Mrd. EUR). Die Größe der Elementarteilchen lässt sich nicht angeben. Sie erscheinen uns selbst mit dem größten Aufwand noch annähernd punktförmig. Wenn es eine solche „Größe" gibt, dann ist sie sicher kleiner als 10^{-18} m. Das sind die Grenzen, bis zu denen man heute Distanzen messen kann. Die Naturgesetze erlauben allerdings die Existenz noch viel kleinerer Längen (s. Kap. 7).

Die Anordnung der Teilchen in Abb. 1.2 entspricht ihren Eigenschaften und vielem, was man davon weiß. Die Quarks sind Bestandteile der Protonen und Neutronen in den Atomkernen. Die schweren Leptonen (e, μ, τ) befinden sich meist in den Atomschalen. Die leichten Neutrinos sind im ganzen Universum gegenwärtig. Die Bosonen vermitteln die Kräfte zwischen allen diesen Teilchen. Gluonen sind verantwortlich für die starke Wechselwirkung, Photonen für die elektromagnetische und W- sowie Z-Bosonen für die schwache (s. Kap. 6). Die Namen der Teilchen beruhen auf den Vorlieben der jeweiligen Entdecker.

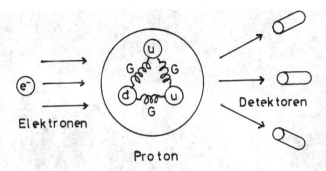

Abb. 1.3 Streuung von Elektronen (e⁻) an einem Proton mit zwei u- und einem d-Quark sowie mit Gluonen (G)

Woher weiß man dieses alles? Mit sichtbarem Licht kann man im Mikroskop ja nur Objekte sehen, die größer als etwa ein zehntel Mikrometer sind. Kleinere Teilchen, Moleküle und Atome lassen sich im Elektronenmikroskop abbilden. Noch kleinere Strukturen beobachtet man mit Teilchenbeschleunigern. Aus der Winkel- und Energieverteilung gestreuter Elektronen lässt sich die Struktur und die Dynamik des streuenden Objekts berechnen. So erhält man zum Beispiel für das Innere eines Protons ein Bild wie in Abb. 1.3. Dort „sieht" man im Grundzustand zwei u- und ein d-Quark sowie drei diese verbindende Gluonen. Das Standardmodell der Elementarteilchen in Abb. 1.2 fasst unser gesamtes heutiges Wissen über die Bestandteile der Materie und die zwischen ihnen wirkenden Kräfte zusammen. Ob das Modell vollständig ist, und ob die bisher bekannten Teilchen aus noch kleineren Objekten zusammengesetzt sind, das wissen wir nicht. Hier liegen die Grenzen unserer Erkenntnis.

Nun verlassen wir die Mikrophysik und betrachten das andere Ende der Längenskala im **Standardmodell der Kosmologie** [14]. Die Abb. 1.4 zeigt einen raumzeitlichen Schnitt durch das uns bekannte Universum. Nach heutiger Vorstellung ist es vor 13,7 Mrd. Jahren in einem Punkt entstanden („Urknall"). Seitdem hat es sich zuerst sehr schnell („Inflation") ausgedehnt und dann langsamer („Evolution"). Der Durchmesser desjenigen Teils des Weltalls, den wir heute überblicken, beträgt etwa 10^{26} m. Viel weiter hinaus können wir nicht sehen, auch nicht mit unseren modernsten Geräten, Fernrohre, Radioteleskope und Gammazähler. Das Universum ist erfüllt von Materie und Strahlung. Die Materie sehen wir in Form von Wasserstoff, kosmischem Staub, Sternen und Galaxien. Die

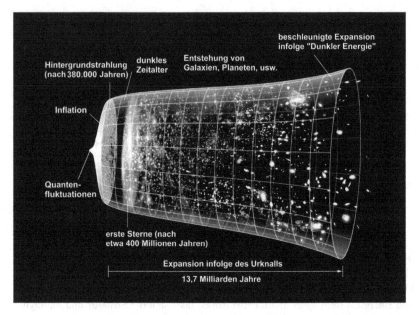

Abb. 1.4 Raumzeitliches Bild des Universums. (Foto: NASA/WMAP Science Team)

Strahlung besteht im Wesentlichen aus Photonen und Neutrinos. Eine Galaxie enthält im Durchschnitt 100 Mrd. (10^{11}) Sterne, und unser sichtbares Weltall besteht aus 10^{11} bis 10^{12} Galaxien; alles zusammen etwa ein Mol Sterne.

Unsere Sonne befindet sich in einem Spiralarm der heimischen Galaxie, der „Milchstraße" (s. Abb. 1.1c). Sie umrundet deren Zentrum in 300 Mio. Jahren im Abstand von etwa 30.000 Lichtjahren $(3 \cdot 10^{20}$ m) mit einer Geschwindigkeit von 300 km/s. Die Sterne und auch unsere Sonne haben eine endliche Lebensdauer. Sie entstehen zum großen Teil aus interstellarem Staub infolge einer Supernova-Explosion. Sie leben einige Milliarden Jahre und enden eventuell als „Braune Zwerge", wobei ein großer Teil ihrer Masse wieder zu interstellarem Staub wird. Über das künftige Schicksal des Universums als Ganzes wissen wir aber nichts, auch nichts über seine heutige Form und Größe. Es mag unendlich ausgedehnt sein oder in einem vierdimensionalen Raum geschlossen und begrenzt. Möglicherweise gibt es auch außer unserem Weltall noch andere Universen von denen wir nichts sehen oder wissen können. – Soweit das Standardmodell der Astrophysik. Ob es in allen Einzelheiten stimmt, oder ob wir ein anderes Szenario für seine Entwicklung finden, das ist eine offene Frage. Auch wissen wir nicht ob vor dem Urknall „etwas da war" oder wie er zustande kam. Unsere Kenntnis ist also hier in vielfacher Weise begrenzt.

Die hier geschilderten Standardmodelle für den Mikrokosmos und den Makrokosmos fassen unser gesamtes heutiges Wissen über die Natur zusammen. Wie mehrfach erwähnt sind sie aber dem Fortschritt der Wissenschaft unterworfen. Das heißt, die durch die Grundgesetze oder unsere Technik gegebenen Grenzen können überschritten werden, wenn unsere Erkenntnisse oder unsere Fähigkeiten wachsen. Einen sehenswerten Überblick über dies alles findet man in dem Bilderbuch „Zehn-Hoch" von Philip und Phylis Morrison [3].

Teil I
Die Grundgesetze der Physik und ihre Grenzen

In diesem Teil des Buches besprechen wir die physikalischen Grundgesetze. Es sind etwa 20 bis 30 und sie umfassen unsere gesamte Erfahrung. Sie sind in der Sprache der Mathematik formuliert. Wir haben sie in 5 Kapiteln angeordnet. Am Anfang stehen jeweils die Gesetze selbst, gefolgt von kurzen Erläuterungen und von einigen besonders interessanten neuen Entwicklungen oder Anwendungen. Die Grundgesetze lassen sich nach heutiger Auffassung nicht aus noch fundamentaleren Beziehungen oder voneinander herleiten; sie stehen jedes für sich. Die Grenzen, welche unseren Kenntnissen und Fähigkeiten durch die Grundgesetze gegeben sind, werden im anschließenden Teil II besprechen.

Man nimmt heute mangels besseren Wissens an, dass die Grundgesetze im ganzen beobachtbaren Universum unverändert gelten. Außerdem nimmt man an, dass sie sich seit der Entstehung des Weltalls nicht verändert haben, auch nicht die Naturkonstanten (h, G, c, e_0). Beide Annahmen werden natürlich im Rahmen neuerer theoretischer Überlegungen diskutiert. Aber man hat dazu bis heute keinen Widerspruch gefunden.

Erhaltungssätze

2

In einem abgeschlossenen System sind folgende Größen konstant, das heißt, zeitlich unveränderlich:

Die Energie E,

der Impuls p,

der Drehimpuls J,

die elektrische Ladung q.

Außerdem sind eine kleine Zahl von intrinsischen Eigenschaften der Elementarteilchen konstant, für die wir kein makroskopisches Analogon haben (Beispiel: Baryonenzahl, Isospin usw.).

2.1 Energieerhaltung

Wohl die bekannteste dieser Regeln ist der **Energieerhaltungssatz.** Er wurde 1842 von Julius Robert Mayer für die beiden Energieformen Wärme und Arbeit formuliert und später von mehreren Forschern auf alle bekannten Energieformen erweitert (s. z. B. [4, 5]). Die wesentliche Voraussetzung für die Aussage

$$E = \text{const.} \quad \text{bzw.} \quad dE/dt = 0 \qquad (2.1)$$

besteht darin, dass diese Behauptung nur für ein *abgeschlossenes System* gilt. Das ist ein solches, durch dessen Begrenzungen Energie in keiner Form hindurchgehen kann. Diese Bedingung wird in der Praxis oft nicht genügend beachtet. Vor

© Der/die Autor(en), exklusiv lizenziert durch Springer Fachmedien Wiesbaden GmbH, ein Teil von Springer Nature 2021
K. Stierstadt, *Die Grenzen der Physik in Natur und Technik*, essentials, https://doi.org/10.1007/978-3-658-34802-1_2

allem bei einem sogenannten *Perpetuum mobile* wird sie immer wieder verletzt. Das sind Geräte oder Maschinen, die Energie angeblich aus dem Nichts erzeugen. Sie wurden seit dem Mittelalter in großer Zahl erfunden. Bekannte Beispiele sind die Lichtmühle, die Trinkente, die atmosphärische Uhr usw. Daneben gibt es viele recht komplizierte technische Geräte, die sich scheinbar ohne Antriebsenergie ununterbrochen bewegen (Abb. 2.1). Man findet ausführliche Beschreibungen davon in der Perpetuum-mobile-Literatur im Internet. Alle diese Geräte bleiben natürlich stehen, wenn man den oft raffiniert verborgenen Antriebsmechanismus entfernt. Bis heute hat noch kein einziges Perpetuum mobile den Energieerhaltungssatz wirklich verletzt. Sie alle verwandeln nämlich nur eine bestimmte *Form* von Energie in eine andere Form derselben. Und das ist durch den Erhaltungssatz ja nicht verboten. Solche Energieformen sind die kinetische, die potenzielle,

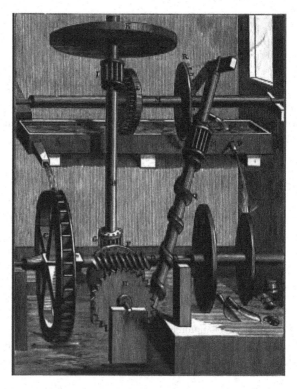

Abb. 2.1 Perpetuum mobile mit Wasserrad. (Foto: George A. Bockler)

die elektrische, magnetische, chemische usw. Man sollte also statt vom Perpetuum mobile besser vom Perpetuum transformabile reden. Schon 1775 hat die Pariser Akademie der Wissenschaften beschlossen, keine Patentanträge auf derartige Erfindungen mehr anzunehmen. Trotzdem werden beim Deutschen Patentamt immer noch jährlich etwa hundert Vorschläge für solche Erfindungen eingereicht. Hierbei wird einen der härtesten Grenzen der Physik einfach ignoriert. Der menschlichen Dummheit aber sind scheinbar keine Grenzen gesetzt [9].

2.2 Impulserhaltung

Als Nächstes besprechen wir den **Impulserhaltungssatz**. Er besagt, dass in einem *abgeschlossenen System* der gesamte Impuls $p = mv$ (Masse mal Geschwindigkeit) zeitlich konstant ist. Auch hier ist wieder die Abgeschlossenheit wichtig. In einem offenen System kann sich der Impuls durchaus ändern, nämlich dann, wenn eine Kraft F durch seine Begrenzung hindurch wirkt. Aus der Mechanik ist dafür die Beziehung $dp/dt = F$ bekannt. Wer den Impulserhaltungssatz zum ersten Mal formuliert hat, das weiß man nicht. Denn seine Wirkung war schon im Altertum bekannt, vom Steinewerfen, von Kriegsmaschinen, vom Rudern, vom Kugelstoßen usw. Der Impulssatz sagt insbesondere, dass in einem abgeschlossenen System auch Newtons drittes Axiom „Kraft gleich Gegenkraft" gilt. Erhält darin ein Körper einen Impuls $p_1 = m_1 v_1$, so muss gleichzeitig ein anderer Körper des Systems den entgegengesetzten Impuls $-p_1 = p_2 = m_2 v_2$ erhalten. Die bekanntesten Beispiele sind der Düsen- und Raketenantrieb, der Rückstoß bei Feuerwaffen, das Billard- und Boule-Spiel usw.

2.3 Drehimpulserhaltung

Der dritte **Erhaltungssatz** betrifft den **Drehimpuls J**. Er beschreibt als Vektor eine Rotation und ist definiert als das Kreuzprodukt aus dem Abstand r eines Massenpunkts von der Drehachse und dem linearen Impuls p dieses Punkts: $J = r \times p$ (Abb. 2.2). Mit der Winkelgeschwindigkeit $\omega = r \times v$ und dem Trägheitstensor Θ für einen ausgedehnten Körper gilt dann auch $J = \Theta \cdot \omega$. Und ein Drehmoment $D = r \times F$ ändert bekanntlich den Drehimpuls entsprechend: $dJ/dt = D$. Auch die Drehimpulserhaltung gilt nur in einem *abgeschlossenen System*. Das heißt, durch seine Begrenzung darf keine Kraft und kein Drehmoment hindurch wirken.

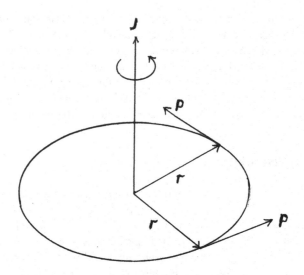

Abb. 2.2 Definition des Drehimpulses $J = r \times p$

Ein bekanntes Beispiel ist der Pirouetten-Effekt: Wenn eine sich um ihre Längsachse drehende Tänzerin die Arme waagrecht ausstreckt, wächst ihr Trägheitsmoment. Falls dabei J konstant bleiben soll, dann muss die Winkelgeschwindigkeit entsprechend abnehmen und umgekehrt. Das ist eine häufig geübte Ballettfigur. Bekannt sind auch die entsprechenden Experimente auf einem Drehschemel oder einem Karussell. Und im Sport gibt es zahlreiche Bewegungen, bei denen die Drehimpulserhaltung eine Rolle spielt, beim Turnen, beim Turmspringen, beim Skilaufen usw. In der Satellitentechnik ist der Drehimpuls ebenfalls eine wichtige Größe bei allen Manövern. Und seine Erhaltung ist schließlich die Grundlage von Keplers zweitem Gesetz, dem Flächensatz.

2.4   Ladungserhaltung

Als letzten *Erhaltungssatz* betrachten wir noch den für die *elektrische Ladung*. Er besagt, dass ihr Wert in einem *abgeschlossenen System* unveränderlich ist. Er kann nicht verändert werden, ohne dass Ladung durch eine Begrenzung des Systems hindurch transportiert wird. Auch kann man keine Ladung eines Vorzeichens aus dem Nichts erzeugen, sondern nur solche beiderlei Vorzeichens gleichzeitig. Ein

Beispiel ist die Paarbildung aus Gammastrahlung. Dabei entstehen immer gleich viele positive und negative Ladungen, entweder Elektronen und Positronen oder Quarks und Antiquarks usw. Beim Reiben elektrisch polarisierbarer Stoffe werden immer gleich viele Ladungen beiderlei Vorzeichens voneinander getrennt, zum Beispiel beim Kämmen, beim An- und Ausziehen von Kleidung, bei Reibungsbremsen usw. Beim Verbrennen entstehen ebenfalls immer Ionenpaare beiderlei Polarität. Wer Ihnen verspricht, eine einzelne Ladung aus dem Nichts zu erzeugen, verstößt gegen diesen Erhaltungssatz – als wenn er Stroh zu Gold spinnen wollte.

Soviel zu den Erhaltungssätzen für abgeschlossene Systeme. Sie definieren unüberschreitbare Grenzen für die Veränderungsmöglichkeiten bestimmter physikalischer Größen. Auch James Bond hat diese Grenzen respektiert. Und in der Science Fiction handelt es sich bei ihrer Überschreitung immer um eine Utopie. – Die Bedingung der Abgeschlossenheit eines Systems wird in der Kosmologie manchmal auf das Weltall als Ganzes bezogen. Wir wissen aber nicht, ob es abgeschlossen ist, wie etwa eine Kugel, oder ob es offen bzw. unendlich ausgedehnt ist (s. Abb. 1.4). Unsere Erfahrung mit den Erhaltungssätzen bezieht sich bisher nur auf den kleinen Teil des Universums, den wir überblicken können (s. Kap. 7).

Der Entropiesatz oder Zweiter Hauptsatz der Thermodynamik

3

In einem *abgeschlossenen System* kann die Entropie S im Lauf der Zeit nur zunehmen oder konstant bleiben:

$$\frac{dS}{dt} \geq 0 \qquad (3.1)$$

Die Entropie ist eine generelle Eigenschaft aller Materie und aller Arten von Strahlung. Sie wurde von Rudolf Clausius um 1850 in der Form $\Delta S \geq \Delta Q/T$ eingeführt (Q Wärmeenergie, T absolute Temperatur). Und Ludwig Boltzmann konnte sie 1877 quantitativ berechnen mit der Beziehung

$$S = k \ \ln \Omega. \qquad (3.2)$$

Dabei ist $k = 1{,}38 \cdot 10^{-23}$ J/K die Boltzmann-Konstante, welche die Maßeinheiten von Energie und Temperatur verknüpft. Und Ω ist die Anzahl der Möglichkeiten, die Energie des Körpers oder eines Systems auf die ihm zugänglichen Zustände zu verteilen. Solche Zustände sind zum Beispiel die Energie von Atomen oder die Bewegungsmöglichkeiten von Molekülen. Das ist eine etwas abstrakte Definition, die man sich durch einfache Beispiele klarmachen sollte. Solche findet man im Anhang A.

Der Zweite Hauptsatz bezieht sich explizit auf *Veränderungen,* das heißt auf Vorgänge. Nur bei reversiblen Prozessen bleibt die Entropie konstant, bei irreversiblen nimmt sie zu. Ihr wichtigstes Charakteristikum ist die Abhängigkeit von der Temperatur, die man berechnen kann. Sie hat für alle Körper einen qualitativ ähnlichen Verlauf, nämlich einen annähernd logarithmischen (Abb. 3.1). Dazu betrachten wir ein Beispiel: Nehmen wir an, eine kalte (1) und eine gleichgroße

© Der/die Autor(en), exklusiv lizenziert durch Springer Fachmedien Wiesbaden GmbH, ein Teil von Springer Nature 2021
K. Stierstadt, *Die Grenzen der Physik in Natur und Technik*, essentials,
https://doi.org/10.1007/978-3-658-34802-1_3

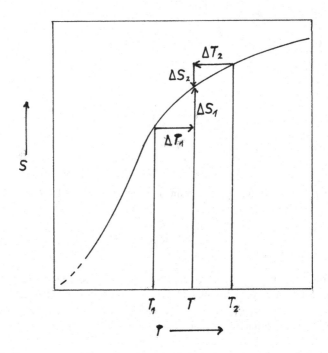

Abb. 3.1 Temperatur- und Entropieänderung beim Mischen von kaltem (1) und warmem (2) Wasser. Man sieht: $|\Delta S_1| > |\Delta S_2|$, $\Delta S_{ges} > 0$

warme (2) Menge Wasser werden vermischt. Wir wissen aus der Erfahrung, was dann geschieht: Die kalte Menge wird wärmer und die warme um dieselbe Temperaturdifferenz kälter. Das ist in Abb. 3.1 skizziert. Und man sieht dort, dass die Entropie der kalten Menge um einen größeren Betrag steigt als die der warmen abnimmt:

$$\Delta S_{ges} = \Delta S_1 - \Delta S_2 > 0. \tag{3.3}$$

Insgesamt nimmt die Entropie des Systems bei diesem Vorrang also zu. Das sagt unsere Erfahrung – und das ist der Zweite Hauptsatz. Der umgekehrte Prozess kommt niemals vor, nämlich dass sich die kalte Menge weiter abkühlt und die warme dafür von selbst heißer wird. Dabei würde nach Abb. 3.1 die Gesamtentropie ja abnehmen (Bitte skizzieren Sie das in der Abbildung).

Ein anderes wichtiges Beispiel ist das Joule-Experiment (Abb. 3.2), die

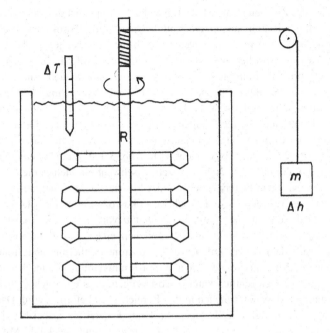

Abb. 3.2 Das Joule-Experiment zum Zweiten Hauptsatz; Kalorimeter mir Rührer R. Für $\Delta h < 0$ wird $\Delta T > 0$

Umwandlung von Arbeit in Wärme und umgekehrt. Sinkt die Masse m im Schwerefeld, so verliert sie potenzielle Energie und leistet dafür Arbeit. Dadurch wird der Rührer in Bewegung gesetzt, das Wasser erwärmt sich durch innere Reibung und gewinnt damit thermische Energie. Bei diesem Vorgang ändert sich die Entropie der Masse m nicht, denn die Zahl der ihren Atomen zugänglichen Energiezustände hängt bei konstanter Temperatur nicht von der Höhe ab. Die Entropie des Wassers im Rührgefäß wächst jedoch, weil seine Temperatur steigt und seine Moleküle sich dann schneller bewegen. Ihre Energie nimmt zu und damit die Anzahl der Verteilungsmöglichkeiten derselben auf die dem Wasser möglichen Zustände (s. Beispiel im Anhang A). Insgesamt steigt also die Entropie des Systems, wenn sich die Masse senkt. Der umgekehrte Prozess, bei dem die Entropie abnehmen würde, wäre eine spontane Abkühlung des Wassers und eine entsprechende Hebung der Masse. Dabei würde dann, umgekehrt wie oben, Wärmeenergie vollständig in Arbeit verwandelt. Und das kommt in Natur und Technik niemals vor, wie schon Sadi Carnot vor 200 Jahren festgestellt hat. Dies ist genau die Aussage des Zweiten Hauptsatzes. Ein anderes Beispiel ist das Abkühlen einer Tasse Tee durch Rühren mit einem Löffel. Dabei wird Wärmeenergie aus der Tasse in die kühlere Umgebung geleitet. Noch niemand hat jemals beobachtet, dass der Tee von selbst heißer wird und sich dabei der Löffel in Bewegung setzt. Denn dann würde die Entropie des Systems nämlich spontan abnehmen. Zum Zweiten Hauptsatz ist nun noch ein Nachtrag wichtig. Seit etwa 50 Jahren, seit man mit sehr kleinen Teilchen und sogar mit einzelnen Atomen experimentieren kann, hat man Folgendes festgestellt: In genügend kleinen Systemen kann die Entropie auch einmal abnehmen, aber nur für kurze Zeit und lokal begrenzt. Ein solches Experiment ist in Abb. 3.3 skizziert. In einem fokussierten Laserstrahl, einer „optischen Pinzette", schwebt ein kleines dielektrisches Teilchen von ca. 3 µm Durchmesser in einer Flüssigkeit. Die energetische Minimalposition des Teilchens befindet sich im Fokus des Laserstrahls (Abb. 3.3a). Bewegt man diesen mit einer Geschwindigkeit v von einigen Mikrometern pro Sekunde nach rechts, so wirkt auf das Teilchen eine Kraft F in positiver x-Richtung. Außerdem ist das Teilchen den ungeordneten thermischen Stößen der Flüssigkeitsmoleküle ausgesetzt. Unter ihrem Einfluss führt es eine leichte Zitterbewegung aus. Gelegentlich kann es vorkommen, dass ein solcher Stoß nach links so stark ist, dass das Teilchen in den Bereich $x < 0$ befördert wird. Dann hat die Flüssigkeit eine Arbeit ΔW gegen die Kraft F geleistet. Dabei hat sie aber die Energie $\Delta Q = -\Delta W$ verloren und sich entsprechend abgekühlt. Mit Clausius' Beziehung $\Delta S = \Delta Q/T$ für die Entropie hat diese also lokal abgenommen. Das steht im Widerspruch zum Zweiten Hauptsatz! Allerdings kommen solche Stöße nach $x < 0$ nur zum Anfang der Bewegung des Laserfokus vor und werden mit fortschreitender Zeit immer seltener, denn der Weg nach $x < 0$ wird dann immer größer. Die Wahrscheinlichkeit für diese Stöße nimmt mit der Zeit also sehr schnell ab. In Abb. 3.3b ist sie für zwei Zeitintervalle Δt nach Beginn der Bewegung dargestellt. Innerhalb der ersten zehntel Sekunde führen noch knapp die Hälfte der Stöße nach $x < 0$, innerhalb der ersten zwei Sekunden aber nur noch ein verschwindender Bruchteil aller Stöße.

Man könnte nun Folgendes sagen: Für ein kleines System ist der Zweite Hauptsatz in seiner üblichen Formulierung während kurzer Zeit verletzt. Das hat auch Ludwig Boltzmann schon in seinem berühmten Werk über Gastheorie erkannt. Makroskopisch und für längere Zeit kommt sowas aber nicht vor. Die Wahrscheinlichkeit dafür hat die Größenordnung $(10^{-10})^{24}$, ist also ganz unvorstellbar gering. Außerdem ist nicht klar, wie Temperatur und Entropie in einem kleinen System mit wenigen Teilchen zu definieren sind. Unsere makroskopische Thermodynamik gibt darauf keine Antwort. Einen Versuch in dieser Richtung stellt die Stochastische Thermodynamik von Udo Seifert dar [7]. Die Anwendung der

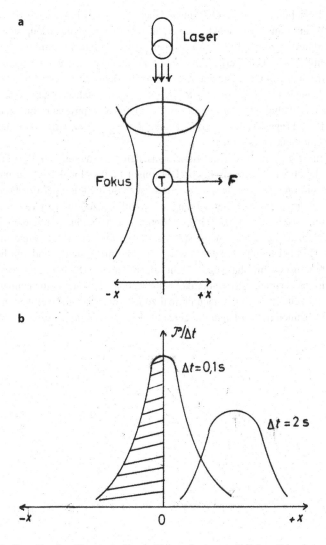

Abb. 3.3 Zum Zweiten Hauptsatz für ein kleines System. **a** Teilchen T in einer optischen Pinzette; **b** Wahrscheinlichkeit für Teilchenpositionen x innerhalb der Zeitintervalle Δt wenn der laser um ein kleines Stück Δr verschoben wird (schraffiert für $x < 0$)

Clausius-Beziehung $\Delta S = \Delta Q/T$ muss daher mit einem Fragezeichen versehen werden. Wenn man das bedenkt, dann kann man dem Zweiten Hauptsatz in der unserer Erfahrung zugänglichen Welt sicher vertrauen. Auch im mikroskopischen Bereich gibt es also kein Perpetuum mobile zweiter Art, das Wärme *ununterbrochen* in Arbeit umwandelt. Die durch den Zweiten Hauptsatz festgelegten Grenzen der Physik bleiben also dort, wo wir sie mit unserer Erfahrung gefunden haben. Ob er für das Weltall als Ganzes gilt, wie manche Astrophysiker annehmen, das ist eine offene Frage. Denn wir wissen nicht, ob unser Universum ein offenes oder ein abgeschlossenes System ist.

Übrigens gibt es in der Verhaltenswissenschaft eine interessante Parallele zum Zweiten Hauptsatz: Die menschliche Dummheit bleibt global gesehen nur konstant oder nimmt zu. Aber sie wird erfahrungsgemäß nicht kleiner [9]. Das ergibt sich aus einer weltweiten Betrachtung des Intelligenzquotienten (IQ) und des Bevölkerungswachstums [20, 21]. Der Anteil der Menschheit mit dem kleineren Intelligenzquotienten vermehrt sich nämlich schneller als derjenige mit dem größeren. Und bei diesem Letzteren wächst der IQ nicht mehr, sondern blieb seit etwa 1990 konstant und hat sogar leicht abgenommen [18, 19]. Und wie in der Physik gibt es für kleine Systeme, das heißt wenige Personen, Ausnahmen. Hier kann der IQ zeitlich begrenzt auch einmal zunehmen. Aber im weltweiten Mittel scheint er abzunehmen, solange die genannten Voraussetzungen erhalten bleiben.

Quantenphysik

4

Es gelten die folgenden Beziehungen:

$$\text{Einstein } E = h\nu \tag{4.1}$$

$$\text{De Broglie } p = h/\lambda \tag{4.2}$$

$$\text{Heisenberg } \Delta p_x \cdot \Delta x \geq \hbar/2 \tag{4.3}$$

$$\text{Richtungsquantelung } \Delta J_z = \pm\hbar \tag{4.4}$$

$$\text{Pauli-Prinzip } \eta_F = 1 \text{ pro Zustand} \tag{4.5}$$

$$\text{Schrödinger-Gleichung } i\hbar\frac{\partial \psi}{\partial t} = -\frac{\hbar^2}{2m}\nabla^2\psi + E_p\psi \tag{4.6}$$

(bzw. deren relativistische Erweiterung für Teilchen mit Spin, die Dirac-Gleichung)

(Bezeichnungen: ν Frequenz, λ Wellenlänge, $h = 2\pi\,\hbar$ Planck-Konstante, p_x Impuls, x Ortskoordinate, J_z Drehimpuls in z-Richtung, n_F Fermionenzahl, ψ Wellenfunktion, t Zeit, m Teilchenmasse, E_p potenzielle Energie)

Die hier zusammengestellten sechs Gleichungen bilden die Basis der Quantentheorie. Wir möchten nun etwas über die Grenzen wissen, welche sie uns setzt.

© Der/die Autor(en), exklusiv lizenziert durch Springer Fachmedien Wiesbaden GmbH, ein Teil von Springer Nature 2021
K. Stierstadt, *Die Grenzen der Physik in Natur und Technik*, essentials,
https://doi.org/10.1007/978-3-658-34802-1_4

Teilchenbild

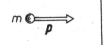

ist äquivalent zum Wellenbild

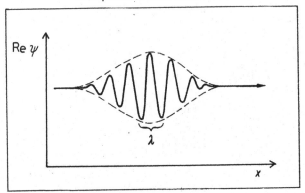

Abb. 4.1 Zum Welle-Teilchen-Dualismus eines Quantenobjekts mit der Masse m und dem Impuls p. Die effektive Wellenlänge λ ist der Mittelwert in der hier skizzierten Wellengruppe und Reψ ist ihr Realteil

Diese Frage kann eigentlich nur der beantworten, der die Quantentheorie verstanden hat. Und nach übereinstimmender Meinung maßgebender Physiker hat sie noch niemand wirklich ganz verstanden. Wir versuchen es trotzdem:

In der Quantenwelt der kleinen Objekte gelten andere Regeln als in unserer makroskopischen Umgebung. Die wichtigste dieser Regeln ist der **Welle-Teilchen-Dualismus** (Abb. 4.1). Mit jedem Teilchen ist eine Welle verbunden, seine **Materiewelle.** Ein solches **Quantenobjekt,** wie zum Beispiel ein Atom, erscheint uns entweder als Teilchen oder als Welle, je nachdem, welches Experiment wir damit machen. Dabei gibt die Wellenfunktion ψ die Wahrscheinlichkeit $\mathcal{P}$ dafür an, das Teilchen in einem bestimmten Volumenelement ΔV zu finden. Es gilt nach Max Born

$$\mathcal{P}(\Delta V) = \int |\psi|^2 dV. \tag{4.7}$$

Die Amplitude der Welle im Raum ist also proportional zur Wurzel aus der Wahrscheinlichkeit, das Teilchen an dieser Stelle zu finden. Die Beziehung (Gl. 4.7) beschreibt unter anderem das Ergebnis des berühmten Doppelspaltexperiments mit Licht, Elektronen, Atomen oder mit Molekülen.

Die Grenzen der Physik sind in der Quantentheorie vor allem durch die Gesetze (Gl. 4.1) bis (4.5) festgelegt. Wir besprechen sie der Reihe nach, zunächst die **Unschärfebeziehung** (Gl. 4.3). Sie lautet $\Delta p_x \cdot \Delta x \geq \hbar/2$ und sagt, dass man nicht gleichzeitig den Impuls und den Ort eines Teilchens mit einer Genauigkeit von weniger als $\hbar/2 \approx 0{,}5 \cdot 10^{-34}$ Js messen kann. Wer das versucht, wird scheitern. Für ein 1 μm großes Staubkorn ($m \approx 5 \cdot 10^{-16}$ kg), das sich in einem 1 μm breiten Fokus eines Mikroskops befindet, beträgt nach Gl. (4.3) die Impulsunschärfe mindestens $\Delta p_x \approx 5 \cdot 10^{-29}$ kg m/s und daraus die Geschwindigkeitsunschärfe $\Delta v_x = \Delta p_x/m \approx 10^{-13}$ m/s. Das heißt, dieses Teilchen scheint dort, wo wir es sehen praktisch zu ruhen. Andererseits ergäbe sich für ein Wasserstoffatom ($m = 1{,}67 \cdot 10^{-27}$ kg), wenn wir es im Mikroskop sehen wollen, unter den gleichen Bedingungen $\Delta v_x \approx 0{,}03$ m/s. Dieses Atom würden wir also nicht scharf sehen. Es wackelt sozusagen mit 3 cm/s im Gesichtsfeld hin und her. Seine Materiewellenlänge λ beträgt bei Raumtemperatur etwa $1{,}47 \cdot 10^{-10}$ m bzw. entspricht etwa seinem Durchmesser. Soviel zur Unschärfebeziehung. Sie setzt eine Grenze für das, was wir als annähernd ruhend beobachten können. Alles, was kleiner ist, scheint sich permanent zu bewegen.

Außer der Unschärfebeziehung (Gl. 4.3) für Impuls und Ort gibt es nach Heisenberg ähnliche Relationen für andere Größenpaare, deren Produkt die Maßeinheit einer Wirkung (Js) hat. Das gilt zum Beispiel für das Paar Energie und Zeit, also

$$\Delta E \cdot \Delta t \geq \hbar/2, \qquad (4.8)$$

sowie für den Drehimpuls J und den Winkel φ

$$\Delta J \cdot \Delta \varphi \geq \hbar/2. \qquad (4.9)$$

Will man die Energie eines Quantenobjekts mit einer gewissen Genauigkeit ΔE messen, so braucht man dafür mindestens die Zeit $\Delta t \geq \hbar/(2\Delta E)$. Bei $\Delta E = 1$ Elektronenvolt sind das etwa $3 \cdot 10^{-16}$ s. Schneller kann man mit der Genauigkeit $\Delta E = 1$ eV nicht messen. Und will man einen Drehimpuls mit der Präzision ΔJ bestimmen, so schwankt der Winkel, unter dem man ihn beobachten kann, um $\Delta \varphi \geq \hbar/(2\Delta J)$. Das sind bei einem atomaren Drehimpuls etwa 180 Grad.

Die Quantennatur der Materie erlaubt uns also nicht, ein ruhendes Atom scharf zu sehen. Ein Drehimpuls kreist beständig um die Beobachtungsrichtung und eine Energiemessung braucht eine gewisse Mindestzeit. Dies sind die Grenzen der Physik für Quantenobjekte. Bei makroskopischen Gegenständen führen diese Grenzen allerdings zu keinen merklichen Abweichungen von unserer Alltagserfahrung. Erst bei kleinen Objekten, die aus weniger als einigen hundert Atomen bestehen, werden die Grenzen merkbar.

Nun kommen wir zu **Einsteins Quantenbedingung** (Gl. 4.1), $E = h\nu$. Sie besagt, dass eine elektromagnetische Welle der Frequenz ν Energie nur in festen Portionen $nh\nu$ übertragen kann, nämlich in ganzzahligen Vielfachen von $h\nu$. Und **de Broglies Beziehung** (Gl. 4.2), $p = h/\lambda$ führt zusammen mit der Wahrscheinlichkeitsbedeutung (Gl. 4.7) der Wellenfunktion zu folgender **Quantenbedingung:** In einem *abgeschlossenen System* kann ein Quantenobjekt nur solche Energiezustände annehmen, deren Wellenfunktion ψ in den Behälter „passt". Das heißt, sie muss außerhalb desselben und an seinen Rändern verschwinden, damit dort $\mathcal{P}$ gleich Null wird. Die Wellenlänge λ muss dann ein ganzzahliger Bruchteil der Behälterabmessung L sein wie in Abb. 4.2. Mit solchen Funktionen sind dem Objekt in dem System Grenzen gesetzt. Es sind nämlich nur diskrete Zustände erlaubt, nicht aber jede beliebige Energie. Die beiden Quantenbedingungen (Gl. 4.1) und (4.2) definieren also feste Grenzen, für das, was physikalisch möglich ist und was nicht. Insbesondere schaffen diese Regeln die Möglichkeit, die Zustandszahl Ω in Gl. (3.2) und somit die Entropie S eines Systems zu berechnen. Bei diskreten Zuständen kann man Ω abzählen, bei kontinuierlich würden Ω und damit S formal unendlich.

Nun folgt noch die **Richtungsquantelung** (Gl. 4.4), $\Delta J_z = \pm\hbar$. Sie besagt, dass die Komponente eines Drehimpulses bezüglich einer vorgegebenen Richtung, zum Beispiel eines Magnetfelds, nur ganzzahlige (n) *Vielfache* von $\hbar = 1{,}06 \cdot 10^{-34}$ Js haben kann, also auch wieder nur diskrete Werte. Makroskopische Drehimpulse sind von der Größenordnung 1 bis 1000 Js. Hier sind Änderungen von 10^{-34} Js unmessbar klein. Anders ist es bei Atomen. Ihre Drehimpulse betragen selbst nur einige 10^{-34} Js. Sie können sich nur in wenigen diskreten Schritten von $\hbar$ ändern (Abb. 4.3). Das kann man zum Beispiel mit zirkular polarisiertem Licht beobachten. Arnold Sommerfeld konnte schon Anfang des 20. Jahrhunderts mit der, damals noch nicht nachgewiesenen, Richtungsquantelung die Feinheiten der optischen Atomspektren erklären.

Als letzte Quantenbedingung besprechen wir das **Pauli-Prinzip** (Gl. 4.5), $n_F = 1$. Dies ist eine der geheimnisvollsten Regeln der Quantenphysik. Sie besagt, dass in einem bestimmten Energieniveau eines Systems, oder an einem bestimmten Ort, je zwei Fermionen nicht in allen Quantenzahlen übereinstimmen dürfen.

Abb. 4.2 Wellenfunktion
Reψ in einem
eindimensionalen Behälter.
Es gilt $\lambda = 2L/n$ ($n = 1, 2,$
$3,\ldots$), damit Reψ an den
Rändern verschwindet

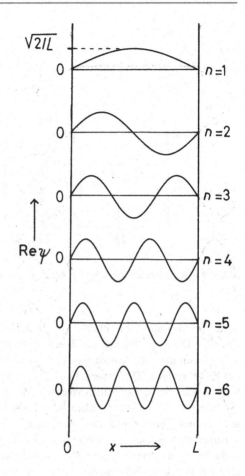

Fermionen sind alle Elementarteilchen mit halbzahligem Spin, also Elektronen, Quarks usw. (s. Abb. 1.2). Und Quantenzahlen sind die ganzen Zahlen, mit denen die Energien, Impulse, Drehimpulse usw. in den Gl. (4.1), (4.2) und (4.4) abgezählt werden. Das Pauli-Prinzip regelt den Aufbau aller Atomkerne, Atome und Moleküle (s. Abb. 1.1a). Es definiert somit feste Grenzen für die erlaubten Strukturen der Materie. Ein Wasserstoffatom mit zwei Elektronen gleicher Spinrichtung in der s-Schale kann es zum Beispiel nicht geben; wohl aber eines, bei dem die beiden Spins antiparallel stehen.

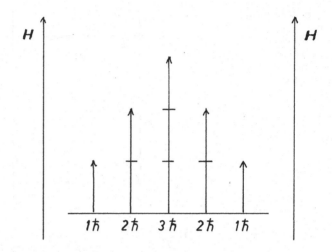

Abb. 4.3 Mögliche Drehimpulsbeträge von Quantenobjekten in Richtung eines Magnetfelds
H

In diesem Kapitel war öfters von **Quantenobjekten** die Rede. Was ist damit gemeint? Das sind Objekte, bei denen der Wellencharakter der Materie ihr Verhalten bestimmt und messbar ist. Nach unserer Erfahrung sind das alle Teilchen mit bis zu einigen 100 Atomen. Größere Objekte unterliegen dagegen der **Dekohärenz**. Das heißt, durch ihre Wechselwirkung mit der Umgebung werden die Welleneigenschaften der Teilchen von denen der Umgebung überlagert und in ungeregelter Weise gestört. Zum Beispiel funktioniert das berühmte Doppelspaltexperiment zwar noch mit Fulleren-Molekülen (60 Kohlenstoffatome), aber nicht mehr mit sehr viele größeren Makromolekülen oder Staubteilchen von 1 μm Durchmesser. Und „Schrödingers Katze" ist entweder tot oder lebendig, aber nicht beides zugleich.

Relativität und Gravitation

5

5.1 Spezielle Relativitätstheorie

Es gelten die folgenden Beziehungen:

$$\text{Lichtgeschwindigkeit } c = \text{const.}, \ v < c \tag{5.1}$$

$$\text{Energie } E = \sqrt{m^2 c^4 + p^2 c^2} \tag{5.2}$$

$$\text{Längenkontraktion } L(v) = L(0)\sqrt{1 - (v/c)^2} \tag{5.3}$$

$$\text{Zeitdilatation } t(v) = t(0)/\sqrt{1 - (v/c)^2} \tag{5.4}$$

$$\text{Relativistische Energie } E(v) = mc^2/\sqrt{1 - (v/c)^2} \tag{5.5}$$

$$\text{Relativistischer Impuls } p(v) = mv/\sqrt{1 - (v/c)^2} \tag{5.6}$$

$$\text{Lorentz - Kraft } F_{el}(v) = F_{mag}/\sqrt{1 - (v/c)^2} \tag{5.7}$$

(Bezeichnungen: c Lichtgeschwindigkeit, v Teilchengeschwindigkeit, m Masse (= Ruhemasse), p Impuls, F_{el} bzw. F_{mag} elektrische bzw. magnetische Kraft auf eine bewegte Ladung)

© Der/die Autor(en), exklusiv lizenziert durch Springer Fachmedien Wiesbaden GmbH, ein Teil von Springer Nature 2021
K. Stierstadt, *Die Grenzen der Physik in Natur und Technik*, essentials,
https://doi.org/10.1007/978-3-658-34802-1_5

Einsteins **Spezielle Relativitätstheorie** beruht auf der Annahme, dass die Gesetze der Physik in allen Inertialsystemen, das heißt gleichförmig zueinander bewegten, die gleiche Form haben. Das führt zu den oben genannten Beziehungen für die Transformation physikalischer Größen von einem ruhenden in ein dazu mit der Geschwindigkeit v gleichförmig bewegtes System. Entscheidend ist dabei die Konstanz der Lichtgeschwindigkeit als Grenzgeschwindigkeit. Gegenüber einem ruhenden System ändern sich in einem bewegten dabei die Abmessungen (L) von Körpern, ihre Energie E und ihr Impuls p, die Zeitintervalle (t) und die Lorentz-Kraft. Alle diese Änderungen werden durch einen Faktor $\gamma \equiv (1 - (v/c)^2)^{1/2}$ beschrieben. Weil die Lichtgeschwindigkeit so groß ist, $c = 3 \cdot 10^8$ m/s, liegt dieser Faktor meist sehr nahe bei Eins: Für $v = 0,14c$ verkürzt sich eine Länge um etwa 1 % und für $v = 0,43c$ um 10 %. Das heißt, die relativistischen Effekte sind für technisch erreichbare Geschwindigkeiten von weniger als etwa 10 km/s nur mit großem Aufwand beobachtbar. Das geschieht zum Beispiel mit dem Global Positioning System (GPS) bis herab zu 1 m/s.

Die obere Grenzgeschwindigkeit ist jedoch immer die Lichtgeschwindigkeit. Und wenn man sich ihr deutlich nähert wie in der Science Fiction, dann gibt es recht spektakuläre Effekte. Ein eindrucksvoller Film dafür ist in [6] beschrieben. Nur c selbst kann man nicht erreichen, wie uns manchmal suggeriert wird. Dann nämlich würde die Energie der Objekte formal unendlich werden, und so viel Energie kann man nicht zuführen. Hier liegt also die harte Grenze der Physik für relativ zueinander bewegte Körper oder Systeme. Was auch nicht möglich ist, sind Zeitreisen in die Vergangenheit oder in die Zukunft, wie sie in der Science Fiction vorkommen. Die Zeit lässt sich durch keine bekannte physikalische Methode vor- oder zurückdrehen!

Noch eine Anmerkung: Einstein hat seine Formeln als *Relativitätstheorie* bezeichnet, weil die damit beschriebenen Effekte „relativ" sind: Ein bewegter Beobachter erscheint einem ruhenden verkürzt und langsamer. Aber für den bewegten gilt dasselbe bezüglich des ruhenden. Jenem erscheint der Andere verkürzt und langsamer. Nur dies ist relativ, aber nicht „alles", wie manchmal gesagt wird.

5.2   Allgemeine Relativitätstheorie

Sie beruht auf Einsteins Feldgleichung

$$R_{\mu v} - \frac{1}{2} g_{\mu v} \overline{R} = \frac{8\pi G}{c^4} T_{\mu v} \tag{5.8}$$

Diese Gleichung beinhaltet das Postulat „schwere Masse = träge Masse".

Für die zeitliche Entwicklung eines homogenen und isotropen Weltalls erhält man daraus Friedmanns Adiabatengleichung

$$\frac{d}{dt}(a^3(t)\rho(t)c^2) = -P(t)\frac{d}{dt}a^3(t) \tag{5.9}$$

Für zwei punktförmige Masen gilt Newtons Gravitationsgesetz:

$$F = G\frac{m_1 m_2}{r^2}\frac{r}{r} \tag{5.10}$$

(Bezeichnungen: $R_{\mu\nu}$ ist der Krümmungstensor der Raumzeit, $g_{\mu\nu}$ sind die Koeffizienten des Linienelements $ds^2 = g_{\mu\nu} \cdot dx^\mu$, R quer $= R_{\mu\mu}$, $T_{\mu\nu}$ sind die zehn Komponenten des Energie-Impuls-Tensors: T_{00} Energiedichte, T_{j0}/c negative Dichte der j-Komponente des Impulses, T_{0k} ·c negative Dichte der k-Komponente des Energieflusses, T_{jk} k-Komponente des Flusses der j-Komponente des Impulses, G Gravitationskonstante, $a(t)$ Skalenfaktor, $\rho(t)$ Massendichte, $P(t)$ Druck).

Einsteins Feldgleichung der **Allgemeinen Relativitätstheorie** beschreibt die Topologie der Raumzeit. Diese besteht aus vier Koordinaten, drei räumlichen und einer zeitlichen. Genauer gesagt beschreibt die Gleichung die Krümmung ($R_{\mu\nu}$) dieser vierdimensionalen Mannigfaltigkeit als Funktion von Energie und Impuls ($T_{\mu\nu}$) der Masse und der Strahlung. Die Gleichung sieht voll ausgeschrieben recht komplex aus. Für ein spezielles Modell wird sie aber wesentlich einfacher (s. Gl. (5.9)). Sie beschreibt eine große Zahl fundamentaler physikalischer Effekte. Beispiele sind die zeitliche Entwicklung des Weltalls, die Existenz und Struktur Schwarzer Löcher, die Periheldrehung des Merkur, die Lichtablenkung durch konzentrierte Massen, die Zeitdilatation im Schwerefeld, die Gravitationsrotverschiebung usw. Diese und andere Effekte wurden im 20. Jahrhundert mit großer Genauigkeit experimentell nachgewiesen. Die wesentliche Ursache aller dieser Effekte ist die Krümmung der Raumzeit in der Nähe von Massen (Abb. 5.1).

Auch die Allgemeine Relativitätstheorie liefert Grenzen für das, was physikalisch möglich ist und was nicht. So kann man sich zum Beispiel einem Schwarzen Loch der Masse m nur bis zum Schwarzschild-Radius $R_S = 2Gm/c^2$ nähern. Dann wird man von Gezeitenkräften zerrissen. Und aus dem Schwarzen Loch kann nichts herauskommen, nicht einmal Licht. Natürlich kann man auch nicht wie in der Science Fiction durch ein „Wurmloch" in andere Bereiche des Universums gelangen. Auch die Lichtablenkung durch Massen kann man prinzipiell nicht beeinflussen. Dass Uhren im Schwerefeld langsamer gehen, und dass Licht

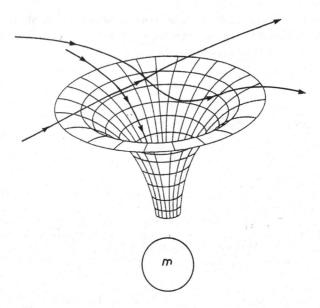

Abb. 5.1 Krümmung des Raumes in der Nähe einer Masse *m*. Die Linien mit Pfeilen repräsentieren Lichtstrahlen

nach der Emission von dort röter wird, lässt sich ebenfalls nicht vermeiden. All das widerspräche den Grundgesetzen der Physik.

Wechselwirkungen und Kräfte

6

6.1 Elektromagnetisches Feld

Es gelten die Maxwell-Gleichungen:

$$\nabla \times E = \partial B / \partial t \tag{6.1}$$

$$\nabla \times H = \partial D / \partial t + j \tag{6.2}$$

$$\nabla \cdot B = 0 \tag{6.3}$$

$$\nabla \cdot D = \rho_q \tag{6.4}$$

$$\text{mit} \quad B = \mu H = \mu_0 (H + M) \quad \text{und} \quad D = \varepsilon E = \varepsilon_0 E + P \tag{6.5}$$

Äquivalent dazu sind die

$$\text{Lorentz - Kraft} \quad F_L = q\left(E + v_q \cdot B\right) \tag{6.6}$$

und das

$$\text{Coulomb - Gesetz} \quad F_C = \frac{q_1 q_2}{4\pi \varepsilon_0} \frac{r}{r} \tag{6.7}$$

© Der/die Autor(en), exklusiv lizenziert durch Springer Fachmedien Wiesbaden GmbH, ein Teil von Springer Nature 2021
K. Stierstadt, *Die Grenzen der Physik in Natur und Technik*, essentials,
https://doi.org/10.1007/978-3-658-34802-1_6

(Bezeichnungen: E elektrisches Feld, B magnetische Flussdichte, H Magnetfeld, D elektrische Flussdichte, $\mu = \mu_0 \mu_r$ Permeabilität, $\varepsilon = \varepsilon_0 \varepsilon_r$ Permittivität, ρ_q elektrische Ladungsdichte, j elektrische Stromdichte, q elektrische Ladung, υ_q Ladungsgeschwindigkeit, M Magnetisierung, P Polarisation).

Elektrische und magnetische Felder sind in unserer Welt und in der Technik allgegenwärtig. Sie sind wohldefinierte Eigenschaften der Raumzeit. Alle Atomkerne tragen positive elektrische Ladung, ihre Elektronenschalen negative. Nukleonen und Elektronen besitzen außer der Ladung auch ein magnetisches Moment. Maxwells Gleichungen beschreiben alle damit zusammenhängenden Phänomene. Der Magnetismus ist schon seit dem Altertum bekannt, die Elektrizität seit einigen hundert Jahren. Und Maxwell hat die oben formulierten Gesetze erst 1865 gefunden. Als Lösungen liefern sie unter Anderem elektromagnetische Wellen, nämlich Gammastrahlen, Licht, Radiowellen usw. Diese Lösungen lauten

$$\nabla^2 E = \varepsilon_0 \mu_0 \frac{\partial^2 E}{\partial t^2} \quad \text{und} \quad \nabla^2 B = \varepsilon_0 \mu_0 \frac{\partial^2 B}{\partial t^2} \tag{6.8}$$

mit $\varepsilon_0 \, \mu_0 = 1/c^2$. Abb. 6.1 zeigt die Struktur einer solchen Welle.

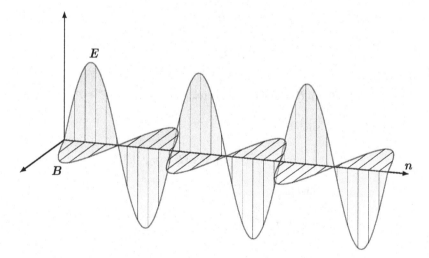

Abb. 6.1 Elektromagnetische Welle

Welche Grenzen werden nun durch Maxwells Gleichungen gesetzt? Da ist vor allem die Gleichung $\nabla \cdot \boldsymbol{B} = 0$. Sie sagt, dass magnetische Feldlinien keinen Anfang und keine Enden haben, sondern in sich geschlossen sind: es gibt keine magnetischen Monopole. Man hat bisher auch keinen einzigen gefunden. Und wenn in der Science Fiction welche auftauchen, dann ist das Utopie. Dagegen sagt die Gleichung $\nabla \cdot \boldsymbol{D} = \rho_q$, dass die elektrischen Feldlinien an den positiven und negativen Ladungen $\pm q$ beginnen bzw. enden. Diese Ladungen kann man also erzeugen und wieder vernichten, allerdings nur paarweise, wegen des Gesetzes der Ladungserhaltung (s. Abschn. 2.4). Die Grenzen, welche Maxwells Gleichungen der physikalisch fundierten Technik setzen, sind also durch die oben genannten sieben Beziehungen definiert. Eine zeitliche Änderung des Magnetfeldes kann etwa nicht schneller erfolgen als mit rot $\boldsymbol{E}$ usw.

6.2 Starke Wechselwirkung

Die starke Kraft zwischen Quarks und Gluonen wird durch die Lagrange-Dichte $\mathcal{L}_{\mathrm{st}} \equiv (E_{\mathrm{kin}} - E_{\mathrm{pot}})/V$ zwischen je zwei solchen Objekten beschrieben:

$$\mathcal{L}_{\mathrm{st}} = \mathcal{L}_{\mathrm{QQ}} + \mathcal{L}_{\mathrm{QG}} + \mathcal{L}_{\mathrm{GG}} \tag{6.9}$$

Dabei ist

$$\mathcal{L}_{\mathrm{QQ}} = q'\left(i\gamma^{\mu} D_{\mu} - m\right)q - F_{\mu\nu}^{\alpha} F_{\alpha}^{\mu\nu}/4$$

und ähnlich Ausdrucke für $\mathcal{L}_{\mathrm{QG}}$ und $\mathcal{L}_{\mathrm{GG}}$

(Bezeichnungen: q, q' Quarkladungen, γ^{μ} Dirac-Matrizen,

m Quarkmasse, $F^{i}{}_{kl}$ Tensoren des Gluonenfeldes)

Dabei entspricht $\mathcal{L}_{\mathrm{QQ}}$ der wechselseitigen Energie zweier Quarks, $\mathcal{L}_{\mathrm{GG}}$ derjenigen zweier Gluonen und $\mathcal{L}_{\mathrm{QG}}$ derjenigen zwischen Quark und Gluon. Die Bewegungsgleichungen der Quarks erhält man durch Minimalisierung der Lagrange-Dichten nach Ort und Geschwindigkeit.

Für die potenzielle Energie zwischen zwei Quarks gilt jedoch näherungsweise bei kleinen Abständen

$$E_{\mathrm{pot}} = -\frac{4}{3} \frac{\alpha_{\mathrm{s}}(r)\hbar c}{r} + kr \tag{6.10}$$

(α_s starke Kopplungskonstante, Größenordnung 1, k Kraftkonstante). Die Kraft zwischen zwei Quarks folgt hieraus durch Division mit r in der Form

$$F = -\frac{\text{const.}}{r^2} + k. \tag{6.11}$$

Bei größeren Abständen gilt die Näherung (6.10) nicht mehr. Wenn man nämlich mit hoher Energie versucht, ein Quarkpaar auf mehr als etwa 10^{-15} m zu trennen, so geht das nicht. Es entstehen dann spontan neue Quark-Antiquark-Paare. Die starke Wechselwirkung spielt nur im Inneren der Atomkerne und in der Hochenergiephysik eine Rolle. In unserer Makrowelt spüren wir praktisch nichts davon, obwohl sie absolut gesehen sehr stark ist. Für zwei Neutronen im Abstand von 0,5 $\cdot 10^{-15}$ m ist die Wirkung dieser Kraft anziehend mit etwa 10.000 N, entsprechend der Gewichtskraft von 1000 kg!

6.3 Schwache Wechselwirkung

Die schwache Kraft zwischen Quarks und Leptonen wird durch die Lagrange-Dichte $\mathcal{L}_{\text{schw}} = (E_{\text{kin}} - E_{\text{pot}})/V$ zwischen diesen Teilchen und den Vektorbosonen $W^{+/-}$ und Z^0 beschrieben:

$$\mathcal{L}_{\text{schw}} = \mathcal{L}_W + \mathcal{L}_Z$$

Dabei gilt

$$\mathcal{L}_W = -g/2^{1/2}\left(J_{du}^{\mu+} + J_{ev}^{\mu+}\right) \cdot W_\mu^+ - g/2^{1/2}\left(J_{ud}^{\mu-} + J_{ve}^{\mu-}\right)W_\mu^-$$

und ein ähnlicher Ausdruck für $\mathcal{L}_Z$.

Hier beschreibt $\mathcal{L}_W$ die potenzielle Energie zwischen Elementarteilchen und den geladenen W-Bosonen, $\mathcal{L}_Z$ die zwischen jenen und den neutralen Z-Bosonen. Die Lagrange-Dichten sind relativ umfangreiche Funktionen der beteiligten Teilchen, ihrer Ladungen und Ströme (s. Lehrbücher der Hochenergiephysik). Die schwache Wechselwirkung spielt auch nur im Inneren von Atomkernen und in der Hochenergiephysik eine Rolle. In unserer Makrowelt merken wir praktisch Nichts davon. Durch Kombination der schwachen und der elektromagnetischen Wechselwirkung erhält man Beziehungen für die sogenannte „elektroschwache Kraft".

6.4 Zusammenschau der Wechselwirkungen

Zu den drei hier behandelten Wechselwirkungen gehört als vierte Kraft auch die Gravitation (s. Abschn. 5.2). Die Abstandsgesetze der Kräfte sind für diese sowie für die elektromagnetische und starke zwischen Quarks alle proportional zu r^{-2}. Bei der schwachen Kraft kann man das in dieser Form nicht angeben. In der Abb. 6.2 sind die Kraftgesetze skizziert. Im Abstand von 10^{-18} m verhalten sich die Kräfte der starken zur schwachen und zur elektromagnetischen sowie zur Gravitation wie 1: 0,1 : 0,01 : 10^{-39}. Die Gravitation ist also um viele Größenordnungen schwächer als alle anderen Kräfte.

Starke und schwache Wechselwirkung spielen nur innerhalb der Atomkerne eine Rolle. Daher bestimmte die elektromagnetische Kraft im Wesentlichen alle makroskopischen Eigenschaften der kondensierten Materie: in Atomen, Molekülen, Gasen, Flüssigkeiten, Festkörpern, in Biomaterie und in Lebewesen. Die elektromagnetische Kraft definiert daher auch die meisten Grenzen, welche unseren Möglichkeiten durch die Technik gesetzt sind. Und die Gravitation wird erst

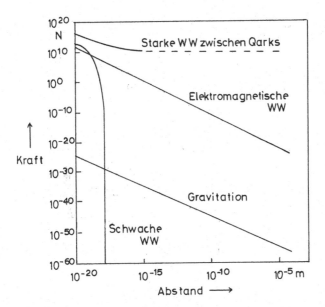

Abb. 6.2 Abstandsabhängigkeit der Kräfte zwischen je zwei Teilchen; für die elektromagnetische Wechselwirkung und die Gravitation zwischen zwei Protonen

bei Objekten in der Größenordnung von 10^{40} Atomen ($\approx 10^{12}$ kg) merklich, das heißt bei kleineren Himmelskörpern. Aber mit diesen kann man nur in der Science Fiction experimentieren, nicht in der Wirklichkeit.

Teil II
Physikalische Größen und ihre Grenzen in Natur und Technik

In diesem Teil des Buches besprechen wir die Grenzen quantitativ, die uns durch die Grundgesetze und durch unsere technischen Möglichkeiten gegeben sind. Wir behandeln dabei Raum und Zeit, Kräfte und Energien sowie Temperaturen und elektromagnetische Felder. Denn dies sind die wichtigsten Parameter, die unsere technischen Möglichkeiten beschränken. Die Darstellung ist in 8 Kapitel gegliedert. Sie beginnen jeweils mit einer Definition der betreffenden Größen. Es folgt eine Skala mit Zahlenwerten, die den gesamten Bereich von Natur und Technik umfasst. Einige besonders interessante Zahlen und neuere Entwicklungen messtechnischer Art werden diskutiert. Eine wichtige Orientierung im Wertebereich bilden jeweils die Planck-Größen, die Max Planck durch Dimensionsbetrachtungen der Naturkonstanten entdeckt hat.

Entfernungen im Raum 7

Schon in unserem ersten Lebensalter lernen wir, Raum und Zeit zu begreifen. Wir können beurteilen wie groß Gegenstände sind und wo sie sich im Raum befinden. Später lernen wir Entfernungen zu schätzen und sie zu messen. Unsere Längeneinheit, das Meter, entspricht etwa der Größe der Gegenstände, die sich in unserer unmittelbaren Nähe befinden. Mit zunehmender Erfahrung wachsen auch die uns zugänglichen Entfernungen in der Natur. Heute umfassen sie etwa 44 Größenordnungen [3], von 10^{-18} bis 10^{+26} m. Das ist in Abb. 7.1 skizziert. Um Entfernungen zu messen, die wesentlich kleiner oder größer sind als unser „Menschenmaß", das Meter, brauchen wir Hilfsgeräte, zum Beispiel Mikroskope oder Makroskope bzw. Fernrohre. Wir wollen diese Geräte und ihre Grenzen kurz besprechen.

7.1 Mikroskope

Mit einem guten Lichtmikroskop kann man noch zwei Punkte im Abstand von 0,2 μm bzw. 200 nm messen. Mit Elektronenmikroskopen kommt man auf 0,1 nm herunter. Und mit den größten Teilchenbeschleunigern auf etwa 10^{-18} m (1 Attometer, am). Bei dieser Auflösung sehen die Elementarteilchen, Elektronen und Quarks immer noch punktförmig aus; sie scheinen keine Struktur zu haben. Die kürzeste Wellenlänge, die man heute mit beschleunigten Protonen erreichen kann, beträgt 0,3 am. Das entspricht einer Protonenenergie von 4 TeV ($4 \cdot 10^{12}$ eV). Solche Protonen haben fast Lichtgeschwindigkeit, und hier liegt die heutige Grenze. Dieses „Protonenmikroskop", der Große Hadronenbeschleuniger (LHC) steht im CERN (Centre European de la Recherche Nucleaire) bei Genf und hat einen

© Der/die Autor(en), exklusiv lizenziert durch Springer Fachmedien
Wiesbaden GmbH, ein Teil von Springer Nature 2021
K. Stierstadt, *Die Grenzen der Physik in Natur und Technik*, essentials,
https://doi.org/10.1007/978-3-658-34802-1_7

Abb. 7.1 Abmessungen von Objekten in Natur und Technik. / / / / / obere Grenzen, / / / / / untere Grenzen

Ausdehnung (m)

10^{27} – Beobachtbares Weltall

10^{24} – Galaxienhaufen

10^{21} – Galaxien

10^{18} – Sternhaufen

10^{15} – 1 Lichtjahr

10^{12} – Rote Riesen

10^{9} – Normale Sterne

10^{6} – Planeten, Weiße Zwerge

10^{3} – Mount Everest

1 – Neutronensterne
Höchste Gebäude

10^{-3} – Menschen

10^{-6} – Insekten

10^{-9} – Organische Zellen
Auflösungsgrenze Lichtmikroskop
Viren

10^{-12} – Moleküle, Elektronenmikroskop
Atome

10^{-15} – Nukleonen

10^{-21} – ↓ Elementarteilchen?

10^{-35} – Planck-Länge

Umfang von 27 km. Es befindet sich etwa 100 m unter der Erde und hat rund 5 Mrd. Euro gekostet. Man kann sich fragen, was bei noch kleineren Abständen als 10^{-18} m zu sehen wäre? Wir wissen bis heute nicht, ob die Elementarteilchen dann immer noch punktförmig erscheinen oder ob sie aus noch kleineren Einheiten bestehen. Es gibt jedoch eine naturgegebene untere Grenze für die Wellenlänge jeder Art von Strahlen und damit für die räumliche Auflösung jeder Messmethode. Das ist die sogenannte **Planck-Länge** L_P, und unterhalb derselben kann man prinzipiell nichts mehr sehen. Max Planck hat um 1900 entdeckt, dass eine Kombination der universellen Naturkonstanten, nämlich der Gravitationskonstante G, der Planck-Konstante $\hbar$ und der Lichtgeschwindigkeit c, eine Länge definiert:

$$L_p = \sqrt{\frac{\hbar G}{c^3}}. \tag{7.1}$$

Der Zahlenwert beträgt $1{,}62 \cdot 10^{-35}$ m. das ist um einen Faktor 10^{17} kleiner als die heutige Messgrenze. Was zwischen dieser und der Planck-Länge liegt, das wissen wir nicht. Es gibt also noch viel zu tun. Wollte man einen Ringbeschleuniger der heutigen Art bauen, dessen Protonenstrahl eine Wellenlänge von 10^{-35} m hätte, so müsste er den Durchmesser unserer Galaxie haben, 100.000 Lichtjahre!

Die Planck-Länge scheint wirklich die kleinste zu sein, die in unserer Raumzeit existieren kann. Das zeigt folgende Überlegung: Für die Wellenlänge λ einer zur Beobachtung verwendeten Strahlung gilt nach de Broglie $\lambda = h/p = hc/E = hc/(mc^2)$. Setzt man hier für die Masse die bekannte Beziehung für ein Schwarzes Loch ein, $R = 2Gm/c^2$, mit dem Schwarzschild-Radius R, so folgt falls λ die Planck-Länge wäre, für $\lambda = L_P$, dass $R = 2L_P$ bzw. $= 2\lambda$ ist (bitte nachrechnen!). Das heißt, die Energiedichte der Strahlung ist so hoch, dass im Bereich etwa einer Wellenlänge ein mikroskopisches Schwarzes Loch entsteht. Aus einem solchen kann aber keine Strahlung mehr heraus kommen. Der Raum schnürt sich sozusagen in lauter kleine Bereiche der Größe $L_P{}^3$ ab. Er wird damit für die verwendete Strahlung undurchsichtig, die sogenannte „schwammige Raumzeit" (Abb. 7.2). Die Planck-Länge definiert daher eine untere Grenze für jede Art von Längenmessung. Wenn es gelänge, noch wesentlich größere Beschleuniger zu bauen als den LHC in Genf, so könnten wir der Planck-Länge natürlich näher rücken. Das Gleiche gilt, wenn uns ganz neue Prinzipien für die Herstellung von Strahlungen mit noch kürzerer Wellenlänge als die heutigen 10^{-18} m einfallen. Vielleicht gibt es dann dort „neue Physik"?

Abb. 7.2 Schwammige
Raumzeit (aus: K.
Stierstadt, Physik der
Materie, Weinheim 1989)

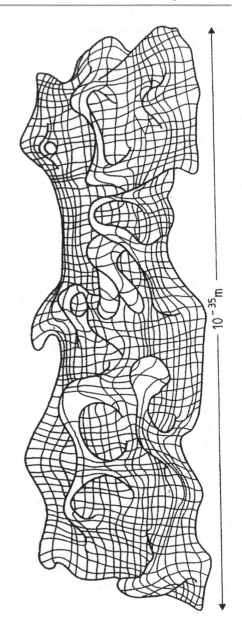

10^{-35} m

7.2 Makroskope

Wir betrachten nun den oberen Bereich unserer Längenskala in Abb. 7.1. Hier geht es um astronomische Entfernungen. Den Abstand einiger näherer Sterne kann man durch Triangulation mit Teleskopen bestimmen (Abb. 7.3). Mit den größten optischen Fernrohren kann man auf diese Weise bis etwa 65 Lichtjahre weit sehen (1 Lj $\approx$ 9,46 · 10^{12} km). Das größte Radioteleskop (Very Large Array) reicht etwa 3200 Lichtjahre weit. Noch weiter hinaus kommen wir heute mit direkten Entfernungsmessungen nicht. Eine viel weiter reichende, aber indirekte Methode hat Edwin Hubble 1930 gefunden. Er beobachtete, dass sich die Galaxien umso

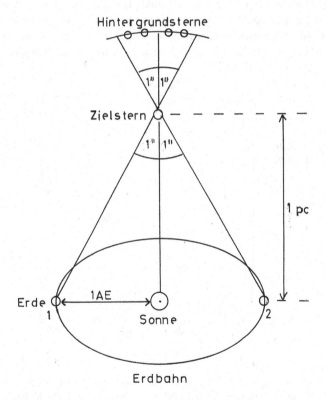

Abb. 7.3 Zur Triangulation: Wenn der Stern sich im Fernrohr zwischen den Positionen Erde 1 und Erde 2 gegenüber den weit entfernten Hintergrundsternen um eine Winkelsekunde hin und her bewegt, dann ist er 1 Parsec (pc) = 3,26 Lichtjahre entfernt

schneller von uns entfernen, je größer ihr Abstand ist. Daraus schloss er auf eine isotrope Expansion des Universums.

Mit Hubbles Methode lässt sich aus der beobachteten Rotverschiebung der Linien des Spektrums von Galaxien ihre Fluchtgeschwindigkeit und daraus ihr Abstand bestimmen, wenn man das Verfahren mit einigen näher gelegenen geeicht hat. Das Ergebnis zeigt die Abb. 7.4, das sogenannte Hubble-Diagramm. Die am weitesten entfernten Galaxien und Supernovae, die wir heute sehen, haben etwa 10^{10} Lichtjahre oder 10^{26} m Abstand von uns. Ihr Licht war etwa 10^{10} Jahre unterwegs, bis es zu uns kam. Ihre Fluchtgeschwindigkeit beträgt zehn Prozent der Lichtgeschwindigkeit. Und wie sie heute aussehen, oder ob sie noch existieren, das wissen wir nicht. Noch um Einiges weiter entfernte Galaxien bewegen sich mit mehr als Lichtgeschwindigkeit von uns weg, und wir können sie daher prinzipiell nicht mehr sehen. Hier liegt die natürliche Grenze für astronomische Entfernungsmessungen. Es lohnt sich also nicht, noch größere Teleskope zu bauen, um weiter hinaus zu schauen, sondern nur, um das

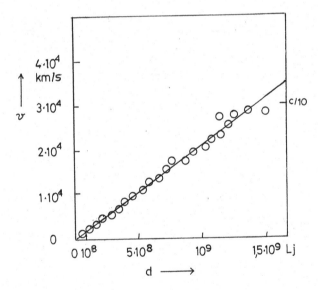

Abb. 7.4 Hubble-Diagramm für Supernovae vom Typ Ia; Fluchtgeschwindigkeit v als Funktion der Entfernung d. Typ Ia sind solche, deren Leuchtkraftkurve $L(t)$ sehr genau bekannt ist

Nähere besser zu sehen. Die Kosten für die größten heutigen Teleskope liegen im Milliarden-Dollar-Bereich.

Am Schluss noch ein Wort über Entfernungsmessungen in der Mitte der Skala von Abb. 7.1. Irdische Abstände lassen sich mit Lasern von 1 μm bis zu einigen 100 km sehr genau messen. Dabei bestimmt man die Laufzeit von Lichtimpulsen zwischen dem Laser als Sender und einer Photozelle als Empfänger. Die Entfernung des Mondes von der Erde lässt sich auf einige Zentimeter genau messen, diejenige zu anderen Planeten auf wenige Meter. Aber was nützt uns das?

Zeit und Geschwindigkeit

8

Unser Leben währt etwa 85 Jahre, und in diesem Bereich liegt unsere Zeitwahrnehmung. Sie reicht von einem Augenblick, etwa einer zehntel Sekunde, bis zu unserer Lebensdauer von zweieinhalb Milliarden Sekunden. Was in der Natur kürzer oder länger dauert, das zeigen die **Zeitintervalle** in Abb. 8.1. In der Abb. 8.2 ist dagegen der zeitliche Ablauf der Entwicklung der Welt skizziert, vom Urknall bis in die fernste Zukunft. Das kürzeste Zeitintervall, das wir uns vorstellen können, ist die Laufzeit des Lichts durch die kürzeste denk- und messbare Entfernung, nämlich eine Planck-Länge L_P (Gl. 7.1). Und das ist die sogenannte Planck-Zeit:

$$t_P = \frac{L_p}{c} = \sqrt{\frac{hG}{c^5}}. \tag{8.1}$$

Setzt man hier die Zahlen ein so ergibt sich $t_P = 5{,}39 \cdot 10^{-44}$ s. Das ist die kürzeste Zeitspanne, die man sich vorstellen kann. Eine längste solche gibt es nicht, es sei denn unser Weltall hätte aus irgendeinem Grund eine endliche Lebensdauer und würde eventuell einmal kollabieren. Aber darüber wissen wir nichts.

Nun besprechen wir einige moderne Zeitmessgeräte. Die genauesten Uhren, die wir haben, sind heute **Atomuhren.** Bei ihnen werden die Schwingungen eines Quarzkristalls mit der Frequenz eine Strahlungsübergangs in Caesium-133-Atomen verglichen, die 9.192.631.77 MHz beträgt und sehr konstant ist. Weichen beide Frequenzen voneinander ab. Dann wird die Quarzuhr nachreguliert. Die Caesium-Schwingung ist relativ auf 10^{-18} genau konstant. Das ergibt eine Abweichung von höchstens einer Sekunde in 30 Mrd. Jahren. Noch hundertmal genauer wären sogenannte Kernuhren. Hierbei werden die Eigenschwingungen von Atomkernen gemessen. Der Thorium-229-Atomkern hat die niedrigste bekannte Frequenz von $3 \cdot 10^{16}$ Hz im Ultravioletten und würde sich

© Der/die Autor(en), exklusiv lizenziert durch Springer Fachmedien Wiesbaden GmbH, ein Teil von Springer Nature 2021
K. Stierstadt, *Die Grenzen der Physik in Natur und Technik*, essentials,
https://doi.org/10.1007/978-3-658-34802-1_8

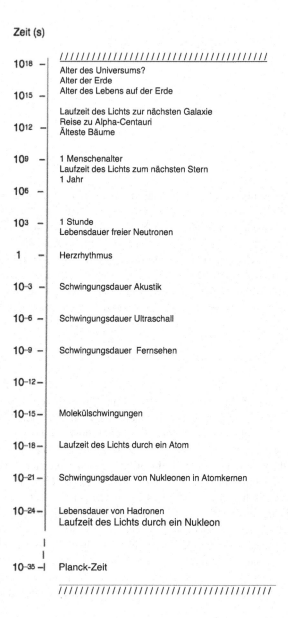

Abb. 8.1 Zeitintervalle in Natur und Technik

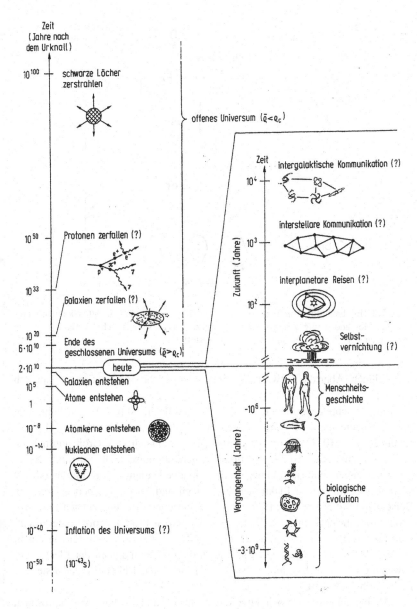

Abb. 8.2   Die Entwicklung des Universums und unserer Umwelt vom Urknall bis in die fernste Zukunft. (Aus: Bergmann-Schaefer, Experimentalphysik Bd. 1, Berlin 1998)

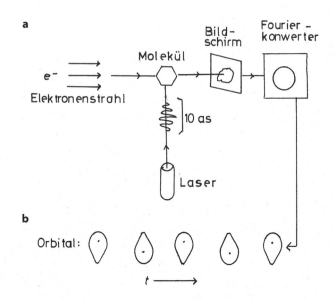

Abb. 8.3 Beobachtung von Elektronenbewegungen in Atomen mit Attosekundenimpulsen. (**a**) Messanordnung schematisch, (**b**) Skizze der Elektronendichte-Veränderung von kohärenten 1 S– 2P–Zuständen in einem Wasserstoffatom

dafür eignen. Aber die Entwicklung einer solchen Uhr steht heute noch ganz am Anfang. Nun betrachten wir nochmal die Zeitintervalle in Abb. 8.1. Die kürzesten, die man heute messen kann, betragen 10^{-17} s bzw. 10 Attosekunden (1 Attosekunde (as) $= 10^{-18}$ s). Impulse dieser Länge sind noch viele Größenordnungen von der Planck-Zeit 10^{-43} s entfernt. Solche Impulse kann man mit XUV-Lasern erzeugen, und sie sind nur wenige Lichtwellen lang [8]. Damit lassen sich sogar Bewegungen von Elektronen in Atomen und Molekülen beobachten. Ein Beispiel zeigt die Abb. 8.3. Hier wird die Elektronenverteilung zunächst elektronenmikroskopisch gemessen. Dann wird der **Attosekundenimpuls** eingestrahlt. Und nach wenigen Femtosekunden (1 fs $= 10^{-15}$ s) wird die Verteilung erneut gemessen. Auf diese Weise lässt sich auch die Geschwindigkeit der Elektronenbewegung im Atom bestimmen. Sie beträgt ein Zehntel bis ein Hundertstel der Lichtgeschwindigkeit.

Nun betrachten wir noch kurz die in Natur und Technik vorkommenden **Geschwindigkeiten** (Abb. 8.4). Die obere Grenze ist die von Einstein postulierte

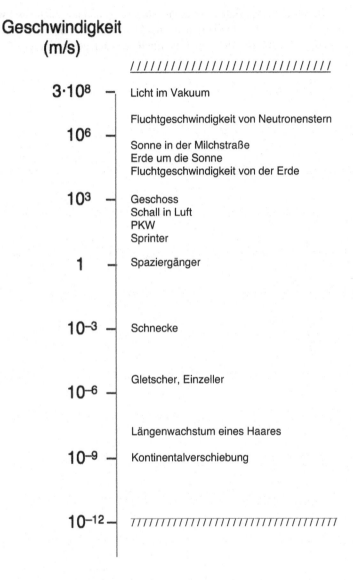

Abb. 8.4 Geschwindigkeiten in Natur und Technik

und zur Basis seiner Speziellen Relativitätstheorie gehörende Lichtgeschwindigkeit c (s. Abschn. 5.1). Dividiert man die Planck-Länge (Gl. 7.1) durch die Planck-Zeit (Gl. 8.1), so erhält man natürlich die Lichtgeschwindigkeit zurück: $L_P/t_P = c$.

Energie und Leistung

Die **Energie** ist eine unanschauliche Größe. Man glaubt zu wissen, was sie ist, aber man kann sie nicht allgemein definieren. Eine implizite Definition lautet: „Energie ist alles, was Arbeit leisten kann oder alles, was sich in Wärme oder Strahlung verwandeln lässt." Wegen ihrer Abstraktheit ist uns auch die Maßeinheit der Energie nicht so vertraut, das Joule ($1 \text{ J} = 1 \text{ kg m}^2/\text{s}^2$). Ein Joule ist die Energie, die man braucht um eine Tafel Schokolade in einer Sekunde einen Meter hoch zu heben. Am ehesten kennen wir noch andere Energiemaße, das elektrische, die Kilowattstunde ($1 \text{ kWh} = 3,60{\cdot}10^6 \text{ J}$), und das thermische, die Kilokalorie ($1 \text{ kcal} = 4,19 \cdot 10^3 \text{ J}$). Die Energie begegnet uns in Natur und Technik in vielen verschiedenen Formen: kinetische Energie, potenzielle Energie, Dehnungsenergie, elektrische und magnetische Energie, Wärmeenergie, Massenenergie, chemische Energie, Lichtenergie usw. Alle diese Formen lassen sich ineinander umwandeln, und das geschieht ununterbrochen bei allen Vorgängen in Natur und Technik. Dabei gilt der **Energieerhaltungssatz:** „In einem abgeschlossenen System bleibt bei allen Prozessen die Summe aller Energieformen konstant."

Die Abb. 9.1 zeigt einen Überblick über Energiebeträge in Natur und Technik; er umfasst 110 Größenordnungen. Aber wo sind die Grenzen? Am größtmöglichen könnte vielleicht die Gesamtenergie des Weltalls sein. Sie umfasst die Massenenergie aller Materie, die Gravitationsenergie und diejenige der kosmischen Strahlung. Strahlungs- und Massenenergie sind positiv, die Gravitationsenergie ist aber negativ. Daher könnte man vermuten, dass die Gesamtenergie des Universums gerade verschwindet. Aber das wissen wir nicht, vor allem, weil wir nur einen kleinen Teil des Weltalls überblicken (s. Kap. 7). Nach neueren Überlegungen könnte es auch noch sogenannte Dunkle Masse und Dunkle Energie geben. Aber niemand weiß bis heute, was das ist, oder wie man sie nachweisen könnte.

© Der/die Autor(en), exklusiv lizenziert durch Springer Fachmedien Wiesbaden GmbH, ein Teil von Springer Nature 2021
K. Stierstadt, *Die Grenzen der Physik in Natur und Technik*, essentials,
https://doi.org/10.1007/978-3-658-34802-1_9

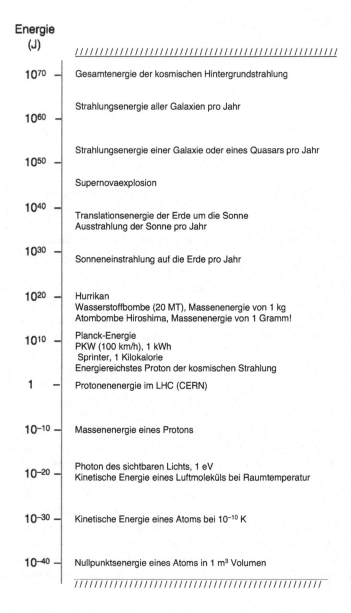

Abb. 9.1 Energiebeträge in Natur und Technik

Die kleinsten uns bekannten Energiebeträge sind diejenigen von langsam bewegten Elementarteilchen oder von einzelnen Strahlungsquanten. Eine untere Grenze dafür gibt es nicht. Etwa in der Mitte der Skala in Abb. 9.1 liegt die Planck-Energie:

$$E_\mathrm{P} = \sqrt{\frac{\hbar c^5}{G}}. \tag{9.1}$$

Das ist die Massenenergie des kleinsten denkbaren Schwarzen Lochs, dessen Radius R der doppelten Planck-Länge, $L_\mathrm{P} = 1{,}62 \cdot 10^{-35}$ m, entspricht (s. Kap. 7). Mit $R = 2Gm/c^2 = 2L_\mathrm{P}$ und $E_\mathrm{P} = mc^2$ ergibt sich $E_\mathrm{P} = L_\mathrm{P}c^4/G$ und nach Einsetzen der Zahlen $E_\mathrm{P} = 1{,}96 \cdot 10^9$ J. Dieser Wert entspricht etwa der kinetischen Energie eines voll beladenen Güterzugs bei einer Geschwindigkeit von 100 km/h. Die so definierte Masse bezeichnet man als Planck-Masse, $m_\mathrm{p} = E_\mathrm{P}/c^2$ bzw.

$$m_\mathrm{p} = \sqrt{\frac{\hbar c}{G}} \tag{9.2}$$

mit dem Zahlenwert $21{,}8 \cdot 10^{-9}$ kg ≈ 22 µg. Das ist also die Masse des kleinstmöglichen Schwarzen Lochs und entspricht etwa der eines Sandkorns.

Nun werfen wir noch einen Blick auf Leistungen in Natur und Technik. Die **Leistung** ist definiert als die in der Zeit umgesetzte Energie und hat die Einheit Watt (W) (1 W = 1 J/s). In Abb. 9.2 sind bekannte Leistungswerte aus Natur und Technik aufgeführt. Die größte denkbare ist die Planck-Leistung, Planck-Energie geteilt durch Planck-Zeit:

$$P_\mathrm{p} = \frac{E_\mathrm{p}}{t_\mathrm{p}} = \frac{c^5}{G} \tag{9.3}$$

(s. Gl. (8.1) und (9.1)), und sie beträgt $3{,}63 \cdot 10^{52}$ W. Das entspricht etwa der gesamten Leistung aller Strahlungen im Weltall. Eine kleinste naturgegebene Leistung ist dagegen unbekannt. Unsere Energietechnik liefert weltweit zur Zeit etwa 20.000 Gigawatt, soviel wie 20.000 Großkraftwerke. Diese Zahl könnte durch bessere Ausnutzung der Sonnenstrahlung (170 Mill. GW) noch auf ein Mehrfaches steigen um den wachsenden Energiebedarf der Menschheit zu decken [12]. Die Photosynthese aller Pflanzen auf der Erde leistet 170.000 Gigawatt, eine lebende Zelle oder ein Bakterium nur 10^{-12} W. Bei $3 \cdot 10^{13}$ Zellen in unserem

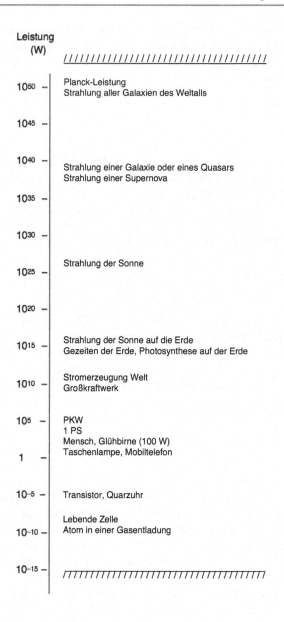

Abb. 9.2 Leistungen in Natur und Technik

Körper sind das gerade mal 30 W, etwa ein Drittel des Grundumsatzes. Und dieser entfällt zu je etwa einem Drittel auf das Gehirn, die Muskeln und die inneren Organe.

Kräfte und Drücke 10

Die **Kraft** ist eine physikalische Größe, mit welcher die Energie eines Objekts oder eines Systems geändert werden kann. Das geschieht in Form von Arbeit. Kräfte sind uns vertrauter als die Energie, denn wir können sie durch Anspannen unserer Muskeln körperlich spüren und auch verändern. Aus der Mechanik ist die Beziehung zwischen einer Kraft F und dem Impuls p bzw. der kinetischen Energie $E_k = p^2/(2m)$ bekannt:

$$F = \frac{\mathrm{d}p}{\mathrm{d}t} = \frac{\mathrm{d}}{\mathrm{d}t} \sqrt{2m E_k}\, \hat{\mathbf{e}}. \qquad (10.1)$$

($\hat{\mathbf{e}}$ Einheitsvektor in Richtung von F). Ebenso bekannt ist der Zusammenhang zwischen der Kraft und der Arbeit, $W = F \cdot s$. Die Maßeinheit der Kraft ist das Newton (N), $1\,\mathrm{N} = 1\,\mathrm{kg\,m/s^2}$.

Die Abb. 10.1 zeigt einen Überblick über die Kräfte in Natur und Technik. Er erstreckt sich über 90 Größenordnungen. Die stärkste denkbare Kraft ist die Planck-Kraft, die sich formal durch Dividieren der Planck-Energie durch die Planck-Länge ergibt (s. Gl. 7.1 und 9.1):

$$F_p = \frac{E_p}{L_p} = \frac{c^4}{G}. \qquad (10.2)$$

Ihr Zahlenwert beträgt $1{,}21 \cdot 10^{44}$ N. Was dieser Wert bedeutet, das wissen wir nicht.

Die kleinste Kraft, die wir uns denken könnten, ist die Gravitationsanziehung zwischen zwei Elektronneutrinos, den leichtesten bekannten Teilchen (m

© Der/die Autor(en), exklusiv lizenziert durch Springer Fachmedien Wiesbaden GmbH, ein Teil von Springer Nature 2021
K. Stierstadt, *Die Grenzen der Physik in Natur und Technik*, essentials,
https://doi.org/10.1007/978-3-658-34802-1_10

Abb. 10.1 Kräfte in Natur und Technik

$\leq 0,1$ eV/$c^2 \approx 10^{-37}$kg), im Abstand der kleinsten heute messbaren Länge, nämlich 10^{-18} m (s. Kap. 7). Diese Kraft beträgt weniger als 10^{-48} N. In der Mitte der Abb. 10.1 liegt der schmale Bereich, der unserer Technik zugänglich ist. Er reicht von einem Kraftmikroskop mit 10^{-12} N (1 Pikonewton) bis zum stärksten Raketentriebwerk, das bisher gebaut wurde mit 10^7 N (10 Meganewton). Die vier verschiedenen Kräfte zwischen Elementarteilchen hatten wir schon im Abschn. 6.4 besprochen. Es sind die fundamentalen Wechselwirkungen in der Natur. Ihre Abstandsabhängigkeit ist in Abb. 6.2 skizziert. Bemerkenswert ist hier die relative Schwäche der Gravitation, die etwa 10^{40}-mal kleiner ist als die anderen drei Kräfte. Aber gerade die Gravitation hält das Universum zusammen.

In gewisser Weise vollständig *kräftefrei* befinden sich Körper, wenn sie im schwerelosen Zustand sind. Dieser ist näherungsweise in Satelliten und Raumfahrzeugen realisiert, wenn sich in ihrem Orbit Schwerkraft und Zentrifugalkraft die Waage halten. In der Internationalen Raumstation ISS (International Space Station) herrscht zum Beispiel eine relative Schwerebeschleunigung von einem Zehntausendstel g_0 bzw. $10^{-4} \cdot 9,81$ m/s². Das heißt, eine auf der Erde 75 kg schwere Person wiegt dort nur 7,5 g und muss sich entsprechend vorsichtig bewegen. Eine noch vollständigere Schwerelosigkeit erreicht man beim freien Fall in einem Fallturm, wie ein solcher in Bremen steht. Dort kommt man in einer 120 m hohen evakuierten Röhre für 4 bis 5 s auf etwa 10^{-6} g_0.

Eine besondere Eigenschaft von Kräften ist der **Druck,** den sie auf ein Objekt ausüben können. Er kann isotrop sein, wie bei einem Gas oder einer Flüssigkeit oder anisotrop wie bei Festkörpern oder in einer Strahlung. Die Abb. 10.2 zeigt einen Überblick über die in Natur und Technik vorkommenden Drücke. Der höchste denkbare Druck ist der Planck-Druck, der Quotient aus Planck-Kraft und dem Quadrat der Planck-Länge (s. Gl. 7.1 und 10.2):

$$P_P = \frac{F_p}{L_p^2} = \frac{c^7}{\hbar G}. \tag{10.3}$$

Einsetzen der Zahlen liefert $P_P = 4,63 \cdot 10^{113}$ Pa $= 4,63 \cdot 10^{108}$ bar. Was dieser Druck bedeutet, wissen wir nicht. Es könnte derjenige am Anfang des Universums gewesen sein, als sein Durchmesser noch eine Planck-Länge betrug und seine Temperatur 10^{33} K.

Mit technischen Mitteln erreicht man heute statische Drücke von etwa 5 Mbar ($5 \cdot 10^{11}$ Pa). Das geschieht mit mechanischen Pressen aus Diamant oder Osmium. Etwa hundertmal so hohe Werte, 450 Mbar, liefert die Schockwellentechnik.

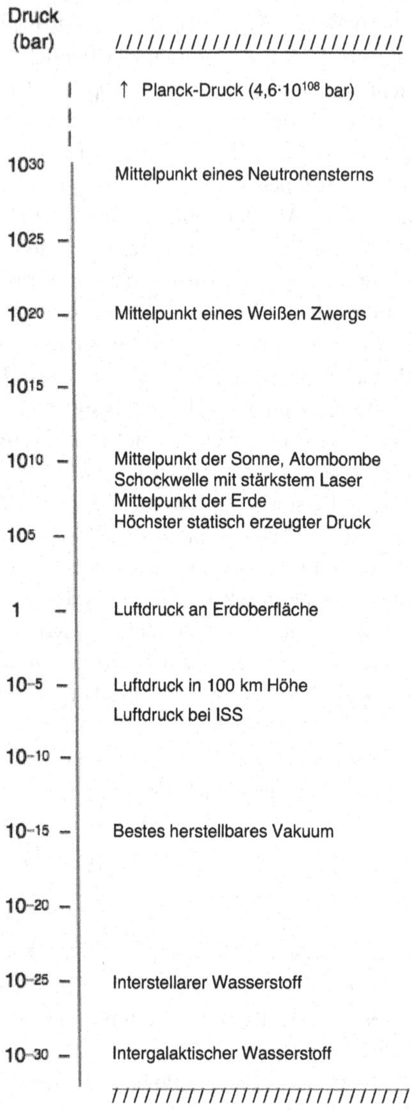

Abb. 10.2 Drücke in Natur
und Technik

Druck
(bar)   /

| ↑ Planck-Druck $(4{,}6 \cdot 10^{108}$ bar)

10^{30} Mittelpunkt eines Neutronensterns

10^{25} –

10^{20} –   Mittelpunkt eines Weißen Zwergs

10^{15} –

10^{10} –   Mittelpunkt der Sonne, Atombombe
               Schockwelle mit stärkstem Laser
               Mittelpunkt der Erde
10^{5} –   Höchster statisch erzeugter Druck

1 –   Luftdruck an Erdoberfläche

10^{-5} –   Luftdruck in 100 km Höhe
               Luftdruck bei ISS

10^{-10} –

10^{-15} –   Bestes herstellbares Vakuum

10^{-20} –

10^{-25} –   Interstellarer Wasserstoff

10^{-30} –   Intergalaktischer Wasserstoff

/ /

Dabei werden Lichtpulse aus Hochleistungslasern verwendet, die man für Experimente zur kontrollierten Kernfusion gebaut hat. Die kugelförmige Probe wird von allen Seiten gleichmäßig bestrahlt. Die Lichtenergie eines Pulses kann bis zu 1 Megajoule betragen. Dabei verdampft momentan die oberste Schicht der Probe und der entstehende Druck komprimiert den Rest derselben auf ein Viertel des ursprünglichen Volumens. Oberhalb von 100 Mbar werden die Elektronenhüllen der Atome deformiert und sukzessive abgebaut. Es entsteht ein Plasma aus Elektronen und Atomrümpfen, ähnlich wie in einem Weißen Zwergstern. Allerdings dauert das alles nur kleine Bruchteile von Sekunden, und die Probe ist danach geschmolzen oder pulverisiert.

Die niedrigsten Gasdrücke findet man natürlich im intergalaktischen Raum. Hier gibt es im Mittel etwa 5 Wasserstoffatome pro Kubikmeter. Das liefert bei der dort herrschenden Temperatur von 2,7 K einen Druck von ca. 10^{-22} Pa. Mit den besten Vakuumpumpen kommen wir auf der Erde auf 10^{-10} Pa. Die Gasdichte beträgt dann nur noch 20.000 Atome pro Kubikzentimeter. Viel kleiner ist sie auch nicht in der Höhe (400 km) der Internationalen Raumstation.

Impuls und Drehimpuls 11

Der **Impuls** p eines Objekts ist in der Physik das Produkt aus Masse m und Geschwindigkeit v: $p = mv$. Wirkt eine Kraft F auf das Objekt, so ändert sich sein Impuls:

$$F = \frac{\mathrm{d}p}{\mathrm{d}t}. \tag{11.1}$$

Die Maßeinheit des Impulses ist Ns = kg m/s. In der Umgangssprache bezeichnet man die Wirkung eines Stoßes, also eine *Impulsänderung*, als „Impuls". Hier hat ein gleichförmig bewegtes Objekt daher keinen „Impuls". In der Physik dagegen heißt die Impulsänderung $\mathrm{d}p/\mathrm{d}t$ Kraftstoß. Nicht nur ein Körper sondern auch Strahlung hat einen Impuls und transportiert diesen von Ort zu Ort. Im elektromagnetischen Fall beträgt die Impulsdichte $g_s = (E \times H)/c^2$ (E elektrisches, H magnetisches Feld, c Lichtgeschwindigkeit). Mit dem Impuls von Lichtquanten lassen sich zum Beispiel bewegte Atome bremsen, indem man ihnen einen Laserstrahl entgegen schickt.

In Abb. 11.1 sind Impulswerte aus Natur und Technik zusammengestellt. Eine naturgegebene Grenze ist hier der Planck-Impuls P_P, das Produkt aus Planck-Masse m_P (Gl. 9.2) und Lichtgeschwindigkeit:

$$P_p = m_p c = \sqrt{\frac{\hbar c^3}{G}}. \tag{11.2}$$

Sein Zahlenwert beträgt 6,53 Ns. Es ist gerade der Impuls des kleinstmöglichen Schwarzen Lochs (22 µg, s. Abschn. 7.1), wenn es sich mit Lichtgeschwindigkeit

© Der/die Autor(en), exklusiv lizenziert durch Springer Fachmedien Wiesbaden GmbH, ein Teil von Springer Nature 2021
K. Stierstadt, *Die Grenzen der Physik in Natur und Technik*, essentials, https://doi.org/10.1007/978-3-658-34802-1_11

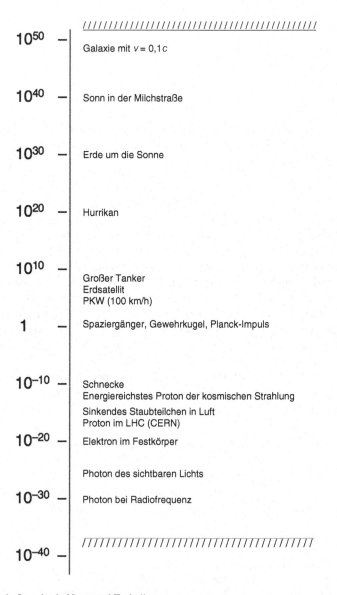

Abb. 11.1 Impulse in Natur und Technik

bewegt. Und dieser Impuls ist etwa so groß wie derjenige eines Spaziergängers oder einer abgeschossenen Gewehrkugel. **Drehimpulse** kommen bei makroskopischen Lebewesen kaum vor. Daher haben wir aus dem täglichen Leben wenig quantitative Vorstellungen davon. In der unbelebten Natur ist es anders. Dort dreht sich alles, die Elektronen, die Atome, die Sterne und die Galaxien. Vielleicht sogar das ganze Universum. Der Drehimpuls J eines Objekts ist definiert als das Kreuzprodukt aus seinem Abstand r von einem Bezugspunkt und seinem Linearimpuls p.

$$J = r \times p. \tag{11.3}$$

Seine Maßeinheit ist Js $= $ kg m^2/s. Für eine Kreisbewegung mit dem Radius R ist $J = mRve_z$ (e_z Einheitsvektor in Achsenrichtung). In der Abb. 11.2 sind einige Zahlenwerte für Drehimpulse aus Natur und Technik zusammengestellt. Der kleinstmögliche ist der Planck-Drehimpuls, das Produkt aus Planck-Masse, Planck-Länge und Lichtgeschwindigkeit:

$$J_p = m_p L_p c = \hbar. \tag{11.4}$$

Das ist gerade das Doppelte des Spins der Elementarteilchen mit $\hbar = 1,05 \cdot 10^{-34}$ Js (s. Abb. 1.2). Dieser ist eine universelle Eigenschaft der Materie, aber wir haben keine anschauliche Vorstellung davon, ob sich da etwas dreht und was es ist. Würde man sich eine rotierende Kugel mit der Masse eines Protons und einem Radius von 10^{-18} m vorstellen, so käme man mit $J = \hbar/2$ auf eine Umfangsgeschwindigkeit von 10^{11} m/s, das 300-fache der Lichtgeschwindigkeit! Diese Vorstellung ist also illusorisch. Makroskopische Drehimpulse spielen in der Technik eine große Rolle. Ein Beispiel sind die Zentrifugen, die vor allem in der Biophysik und der Medizin benutzt werden um mikroskopische Partikel zu trennen, aber auch zur Isotopentrennung für Kernreaktoren und Kernwaffen.

In der molekularen Biophysik und bei kleinen Lebewesen gibt es verschiedene Arten permanenter Drehbewegungen, bei denen der Drehimpuls eine Rolle spielt. Ein Beispiel sind die Flagellen der Bakterien, schraubenförmige Fortsätze, mit denen sie sich bewegen. Ein anderes Beispiel sind die molekularen Motoren, mit denen Moleküle durch Membrane hindurch geschleust werden. Die ATP-Synthase (Abb. 11.3) ist ein solches Gebilde, das sich etwa 100-mal pro Sekunde drehen kann. Dabei wird jedesmal ein Molekül ADP in ATP umgewandelt und durch die Membran transportiert (ADP Adenosindiphosphat, ATP Adenosintriphosphat). Das ATP ist der „Brennstoff" unserer Muskeln, von dem wir pro Tag etwa 70 kg verbrauchen! Je nach ATP-Bedarf drehen sich die Synthase-Motoren schneller

Abb. 11.2 Drehimpulse in
Natur und Technik

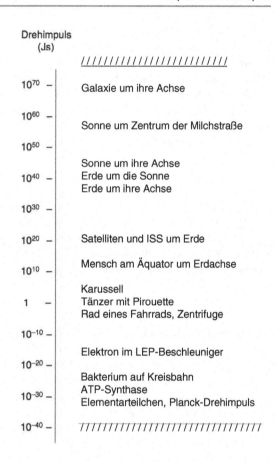

Drehimpuls
(Js)

/////////////////////////////

10^{70} – Galaxie um ihre Achse

10^{60} –
          Sonne um Zentrum der Milchstraße

10^{50} –
          Sonne um ihre Achse
10^{40} – Erde um die Sonne
          Erde um ihre Achse

10^{30} –

10^{20} – Satelliten und ISS um Erde

10^{10} – Mensch am Äquator um Erdachse

          Karussell
1 –   Tänzer mit Pirouette
          Rad eines Fahrrads, Zentrifuge

10^{-10} –

          Elektron im LEP-Beschleuniger
10^{-20} –

          Bakterium auf Kreisbahn
10^{-30} – ATP-Synthase
          Elementarteilchen, Planck-Drehimpuls

10^{-40} – /////////////////////////////

oder langsamer. Von diesen Motoren gibt es etwa 100 in jeder unserer Körperzellen. Der Drehimpuls eines solchen Motors beträgt etwa 10^{-35} Js, ungefähr soviel wie der eines Elementarteilchens ($\hbar/2$). Soviel zur Mikrowelt.

In der Astrophysik dreht sich dagegen fast alles, Planeten, Sterne, Galaxien. In unserem Sonnensystem rotiert alles entgegen dem Uhrzeigersinn, von unserem Nordpol aus gesehen. Unser Mond dreht sich in 28 Tagen um seine eigene Achse und um die Erde. Diese braucht bekanntlich einen Tag für eine Umdrehung, und die Sonne braucht dafür 25 Tage, ungefähr soviel die meisten Sterne. Aber es gibt auch solche, die 600-mal schneller rotieren, einmal pro viertel Stunde. Galaxien rotieren einmal in 1 Mrd. Jahren. Man hat etwa 7 % mehr linksdrehende

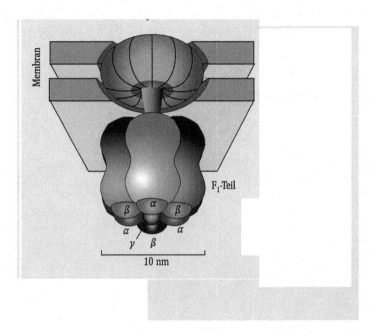

Abb. 11.3 Der ATP-Synthase-Motor in einer Zellmembran, bestehend aus etwa 10.000 Atomen (mit frdl. Genehmigung von Peter Lenz)

als rechtsdrehende Galaxien gefunden. Ob das Weltall als Ganzes rotiert, und in welchem Bezugssystem, das bleibt offen.

Temperatur und Entropie

12

Die Temperatur ist ein Maß für die Innere Energie U eines Körpers. Und U ist die Summe der kinetischen und potenziellen Energien aller seiner Bestandteile, Atome oder Moleküle. Im Allgemeinen steigt die Temperatur monoton mit der Inneren Energie an. Bei idealen Gasen ist sie zu U direkt proportional, $T = 2U/(3Nk)$, mit der Teilchenzahl N und der Boltzmann-Konstante $k = 1{,}38 \cdot 10^{-23}$ J/K. Für andere Stoffe gilt die Beziehung

$$T = \frac{1}{k}\left(\frac{\partial \ln \Omega}{\partial U}\right)^{-1} \qquad (12.1)$$

(s. Lehrbücher der Thermodynamik). Dabei ist Ω die Anzahl der Möglichkeiten, die quantisierte Energie auf die Atome des Systems zu verteilen. Diese Zahl kann man berechnen [11, 13]. Weil nach Boltzmann die Entropie S gleich $k \ln \Omega$ ist (s. Gl. 3.2), kann die Gl. (12.1) auch $T = \partial U/\partial S$ geschrieben werden. Hier noch eine Bemerkung zum Sprachgebrauch: Die **Innere Energie** wird oft auch **thermische Energie** oder **Wärmeenergie** genannt. Das ist Konvention, doch könnte das Adjektiv thermisch die Vorstellung vermitteln, hier spiele die Temperatur oder die Wärme eine entscheidende Rolle. Es gibt aber durchaus Änderungen der Inneren Energie ohne Temperaturänderungen, zum Beispiel alle isothermen Prozesse. Der Begriff **Wärme** Q bezeichnet dagegen einen bestimmten Prozess, nämlich eine Variation der Inneren Energie, bei der sich Ω ändert. Im Gegensatz dazu bleibt bei der **Arbeit** W die Zahl Ω konstant [11, 13]. Der erste Hauptsatz der Thermodynamik lautet bekanntlich $\Delta U = Q + W$.

In Abb. 12.1 sind charakteristische Temperaturwerte aus Natur und Technik zusammengestellt. Es gibt eine höchste und eine tiefste Temperatur. Die höchste ist die Planck-Temperatur T_P. Sie ergibt sich aus der Planck-Energie (Gl. 9.1)

© Der/die Autor(en), exklusiv lizenziert durch Springer Fachmedien
Wiesbaden GmbH, ein Teil von Springer Nature 2021
K. Stierstadt, *Die Grenzen der Physik in Natur und Technik*, essentials,
https://doi.org/10.1007/978-3-658-34802-1_12

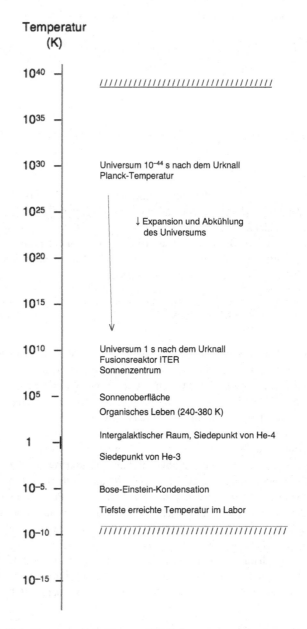

Abb. 12.1   Temperaturen in Natur und Technik

bzw. aus der Planck-Masse (Gl. 9.2) und der Boltzmann-Konstante zu

$$T_P = \frac{E_p}{k} = \frac{m_p c^2}{k} = \sqrt{\frac{\hbar c^5}{k^2 G}} \qquad (12.2)$$

und beträgt $1,42 \cdot 10^{32}$ K. Man nimmt an, dass dies die Temperatur unmittelbar $(5 \cdot 10^{-44}$ s) nach dem Urknall war.

Am unteren Ende der Temperaturskala steht der absolute Nullpunkt $T = -273,15$ K; allerdings in unserer logarithmischen Skala in Abb. 12.1 nicht zu sehen. Entzieht man einem Körper durch Abkühlen immer mehr Energie, so erreicht man schließlich einen Zustand, bei dem jedes Atom nur noch ein Quant der Energie besitzt. Sein Impuls p hat dann auch den kleinstmöglichen Wert. Würde man ihm auch diesen noch entziehen, das heißt, $p = 0$, so müsste nach der Unschärfebeziehung Gl. (4.3), $\Delta p_x \cdot \Delta x \geq \hbar/2$, sein Ort x beliebig unbestimmt sein. Das heißt, das Atom würde das System verlassen. Das letzte Quant kann man ihm also nicht nehmen. Und dieses ist die **Nullpunktsenergie,** die alle Materie bei $T = 0$ noch besitzt. Wie groß diese ist, das hängt vom System ab, dem das Atom angehört. Für ein einzelnes Stickstoffatom in einem Kubikmeter Raum ist $\varepsilon_0 = 2,5 \cdot 10^{-42}$ J, für ein Mol Stickstoff im Kubikmeter $7,5 \cdot 10^{-19}$ J und für ein Eisenatom in seinem Kristallgitter etwa $3 \cdot 10^{-21}$ J.

Auffallend in Abb. 12.1 ist der winzige Temperaturbereich, in dem organisches Leben existieren kann. Er reicht von -30 °C im Eis der Antarktis bis zu $+113$ °C in Tiefseevulkanen, wo man noch lebensfähige Bakterien gefunden hat. Oberhalb 130 °C wird die Erbsubstanz DNS entfaltet, und dann ist kein Leben in unserem derzeitigen Sinn mehr möglich.

Die **Entropie,** die „Schwester" der Temperatur, ist eine Eigenschaft aller Materie und Strahlung. Sie ist eine extensive Größe, von der wir aus dem Alltagsleben keine rechte Vorstellung haben. Sie ist nämlich ein Maß für die Möglichkeiten, die Energie eines Systems auf seine Bestandteile zu verteilen, und sie nimmt bei Prozessen in einem abgeschlossenen System immer zu (s. Kap. 3). Boltzmann hat die Entropie definiert als

$$S = k \ln \Omega \qquad (12.3)$$

mit der Boltzmann-Konstante k und der Zustandszahl Ω. Diese ist, wie oben schon erwähnt, die Anzahl der Verteilungsmöglichkeiten einer quantisierten Energie auf die Atome oder die Freiheitsgrade eines Systems. Die Zahl Ω kann man berechnen [11, 13]. Eine Beziehung für die Entropie*änderung* stammt von Rudolf

Clausius:

$$\Delta S = \frac{\Delta Q_{rev}}{T}. \tag{12.4}$$

Er fand sie aus der Tatsache, dass man Wärme nicht vollständig in Arbeit umwandeln kann. Dabei ist ΔQ_{rev} die bei der Temperatur T zwischen zwei Gleichgewichtszuständen eines Systems reversibel ausgetauschte Wärmeenergie. Aus dieser Beziehung erhält man den Absolutwert der Entropie, wenn man sie von $T = 0$ bis zur gewünschten Temperatur integriert, entweder durch Rechnung oder durch Messung der Wärmekapazität.

In der Abb. 12.2 sind Zahlenwerte der Entropie für Beispiele aus Natur und Technik zusammengestellt. Dabei wurden auch die sogenannten Hawking-Entropien Schwarzer Löcher mit aufgeführt (nach Stephen Hawking). Von diesen ist nicht klar, was sie mit der thermodynamisch definierten Entropie (12.3) und (12.4) zu tun haben. Denn Hawking hat sie aus Überlegungen über den Informationsgehalt Schwarzer Löcher abgeleitet: $S_H = 4\pi k G m_{SL}^2/(\hbar c)$ mit der Masse m_{SL} des Schwarzen Lochs. Dass die Hawking-Entropie S_H etwas anderes sein muss, als die thermodynamische S, sieht man an den beiden um 20 Größenordnungen verschiedenen Werten für die Sonne, einmal als Gasball und einmal als Schwarzes Loch, das sogenannte Entropie-Paradox. Auch die für einen Menschen nach (12.4) angegebene Entropieproduktion ist prinzipiell nicht dasselbe wie die thermodynamische, weil ein Mensch kein System im Gleichgewicht ist.

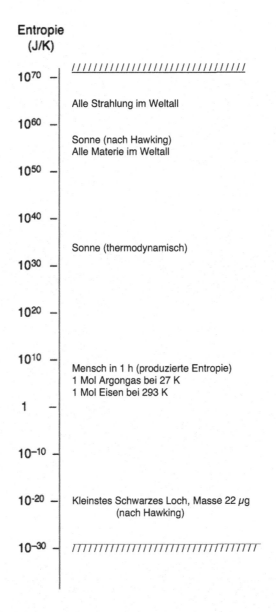

Abb. 12.2 Entropie in Natur und Technik. Die Einträge „nach Hawking" sind Schwarze-Loch-Entropien

Elektrische Felder und Ströme

Elektrische Felder sind in Natur und Technik allgegenwärtig. Sie herrschen im Inneren der Atomkerne und Atome, in vielen unserer technischen Geräte und in der uns umgebenden Luft. Elektrische Felder sind ein Maß für die Kräfte, die auf elektrische Ladungen wirken, und sie werden selbst von solchen Ladungen erzeugt. Die Feldstärke E ist definiert als die Kraft F, die auf eine Ladung q wirkt:

$$E = \frac{F}{q} \tag{13.1}$$

mit der Einheit N/C $=$ VAs/(mAs) $=$ V/m (1 Coulomb C $=$ 1 As). Ein Coulomb ist eine relativ große Ladungsmenge: ein Blitz transportiert „nur" einige Zehntel Coulomb. Die kleinste bekannte Menge besitzen die Elementarteilchen, Proton und Elektron, nämlich $\pm e_0 = 1{,}60 \cdot 10^{-19}$ C. Das u- und das d-Quark haben $+2/3$ bzw. $-1/3$ e_0 (s. Abb. 1.2). Elektrische Felder werden bekanntlich durch **Feldlinien** dargestellt. Das sind *gedachte* Linien, deren Tangente die Richtung des Feldes bzw. der auf eine Ladung wirkenden Kraft angibt. Die Stärke derselben entspricht der Dichte der Feldlinien. Für gute Feldlinienbilder gibt es Zeichenprogramme, zum Beispiel [15].

In Abb. 13.1 sind einige Feldstärkewerte aus Natur und Technik zusammengestellt. Die größte denkbare Feldstärke ist die Planck-Feldstärke bzw. die Planck-Spannung V_P pro Meter:

$$V_P = \frac{E_P}{q_P} = \sqrt{\frac{c^4}{4\pi\varepsilon_0 G}}. \tag{13.2}$$

© Der/die Autor(en), exklusiv lizenziert durch Springer Fachmedien Wiesbaden GmbH, ein Teil von Springer Nature 2021
K. Stierstadt, *Die Grenzen der Physik in Natur und Technik*, essentials, https://doi.org/10.1007/978-3-658-34802-1_13

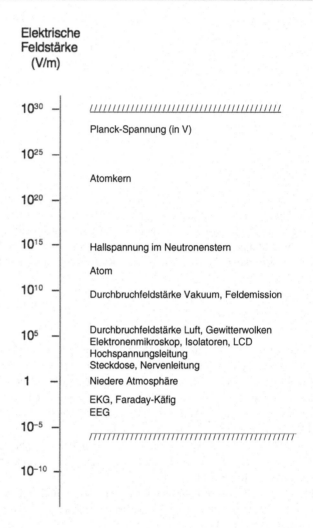

Elektrische
Feldstärke
(V/m)

10^{30} — ///

Planck-Spannung (in V)

10^{25} —

Atomkern

10^{20} —

10^{15} — Hallspannung im Neutronenstern

Atom

10^{10} — Durchbruchfeldstärke Vakuum, Feldemission

10^{5} — Durchbruchfeldstärke Luft, Gewitterwolken
Elektronenmikroskop, Isolatoren, LCD
Hochspannungsleitung
Steckdose, Nervenleitung

1 — Niedere Atmosphäre

EKG, Faraday-Käfig
EEG

10^{-5} — ///

10^{-10} —

Abb. 13.1 Elektrische Feldstärken in Natur und Technik

Hier ist E_P die Planck-Energie (Gl. 9.1), $\varepsilon_0 = 8{,}85 \cdot 10^{-12}$ As/(Vm) die elektrische Feldkonstante und q_P die Planck-Ladung:

$$q_p = \sqrt{4\pi\varepsilon_0\hbar c}. \tag{13.3}$$

Setzt man Zahlen ein, so wird $q_P = 1{,}88 \cdot 10^{-18}$ C und $V_P = 1{,}04 \cdot 10^{27}$ V. Eine solche Feldstärke würde etwa derjenigen zwischen zwei Quarks im Inneren eines Nukleons im Abstand von 10^{-18} m entsprechen. Es ist interessant festzustellen, dass die Coulomb-Kraft zwischen zwei Planck-Ladungen fast genau so groß ist wie die Gravitationskraft von zwei Planck-Massen, nämlich etwa $3 \cdot 10^{-26}$ N, unabhängig vom Abstand (bitte nachrechnen!).

Das elektrische Feld in der Erdatmosphäre, von dem wir meistens nichts spüren, kommt durch **Gewitter** zustande. In Gewitterwolken findet infolge der hohen Luftgeschwindigkeiten eine Ladungstrennung an Wassertröpfchen und Eiskristallen statt. Dabei werden Elektronen nach oben befördert, und es entstehen elektrische Felder bis zu 10^7 V/m. Die Blitze transportieren dann negative Ladungen zur Erde. Die positiven bleiben in der Atmosphäre bis zu 80 km Höhe verteilt.

Die schwächsten elektrischen Felder gibt es in einem **Faraday-Käfig**. Das ist ein von elektrisch leitfähigem Material möglichst vollständig umgebener Raum. Infolge der Verschiebung der Ladungen durch Influenz im Käfigmaterial wird ein äußeres elektrisches Feld in einem solchen Raum abgeschirmt. Man erreicht dort Feldwerte von weniger als 10^{-3} V/m bzw. 1 µV/mm. Aus diesem Grunde sind Personen in Automobilen oder in Flugzeugen vor Blitzeinschlägen weitgehend geschützt.

In der Abb. 13.2 sind noch einige Werte für **elektrische Ströme** in Natur und Technik angegeben. Auch hier gibt es wieder einen aus den Naturkonstanten abgeleiteten Strom, den Planck-Strom I_P, den Quotienten von Planck-Ladung (Gl. 13.3) und Planck-Zeit (Gl. 8.1):

$$I_P = \frac{q_P}{t_P} = \sqrt{\frac{4\pi\varepsilon_0 c^6}{G}}. \tag{13.4}$$

Setzt man Zahlen ein, so ergibt sich $I_P = 3{,}48 \cdot 10^{25}$ A, etwa der Strom von 10^{20} Blitzen. Andererseits besteht ein sehr kleiner Strom etwa aus einem Elektron pro Sekunde, $1{,}6 \cdot 10^{-19}$ A. Weit zwischen diesen 10^{25} und 10^{-19} A liegen die Stromstärken in unserer häuslichen und industriellen Umgebung, eine LED-Lampe, eine Kochplatte oder eine Hochspannungsleitung. Von besonderer Bedeutung

Abb. 13.2 Elektrische
Ströme in Natur und
Technik

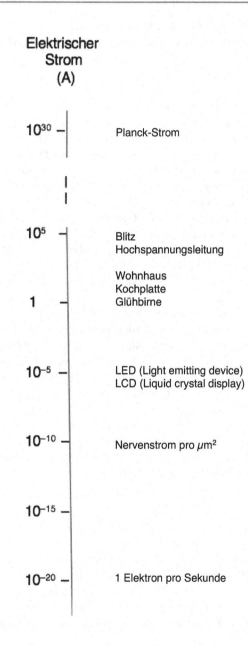

sind die Ströme in unseren Nervenzellen, die beim Elektrokardiogramm oder Elektroenzephalogramm gemessen werden können.

Das Magnetfeld

14

Magnetische Felder sind in Natur und Technik allgegenwärtig. Sterne und Atome besitzen solche Felder, und jeder elektrische Strom erzeugt eines in seiner Umgebung. Im Gegensatz zu vielen Tieren haben wir Menschen kein Sinnesorgan für Magnetfelder. Wir brauchen daher Geräte, um sie nachzuweisen und zu messen. Ein Magnetfeld H ist definiert durch das Drehmoment D, das es auf einen magnetischen Dipol m ausübt:

$$D = \mu_0 m \times H. \tag{14.1}$$

Hier ist μ_0 die magnetische Feldkonstante, $1{,}26 \cdot 10^{-6}$ Vs/(Am). Bekanntlich gibt es keine magnetischen Monopole, und eine zweite Definition folgt daher aus der Kraft F auf einen Dipol in einem inhomogenen Feld:

$$F = \mu_0 (m \cdot \nabla) H. \tag{14.2}$$

Das Magnetfeld eines elektrischen Stroms I erhält man aus dem Biot-Savart-Gesetz zu:

$$H(r) = \frac{1}{4\pi} I \int_L \frac{ds \times r}{r^3}. \tag{14.3}$$

Hier ist ds das Linienelement des Stromleiters L. Die Maßeinheit des Magnetfelds ist A/m. In der Literatur wird oft auch die Flussdichte B mit der Einheit Tesla (T) bzw. Vs/m^2 als Magnetfeld bezeichnet. Im leeren Raum gilt $B = \mu_0 H$, in Materie mit der Magnetisierung M ist $B = \mu_0(H + M)$. Die Magnetisierung ist die Vektorsumme der magnetischen Momente pro Volumen.

© Der/die Autor(en), exklusiv lizenziert durch Springer Fachmedien Wiesbaden GmbH, ein Teil von Springer Nature 2021
K. Stierstadt, *Die Grenzen der Physik in Natur und Technik*, essentials,
https://doi.org/10.1007/978-3-658-34802-1_14

Auch beim Magnetfeld gib es ein größtes denkbares, nämlich das magnetische Planck-Feld:

$$H_p = \sqrt{\frac{c^5}{4\pi\,\varepsilon_0\mu_0^2\hbar G^2}}.$$ (14.4)

Setzt man Zahlen ein, so ergibt sich $H_P = 1{,}72 \cdot 10^{59}$ A/m. Was diese riesige Feldstärke zu bedeuten hat, das wissen wir nicht. Sie ist 10^{45}-mal größer als das stärkste bekannte Magnetfeld in einem Neutronenstern. Die Beziehung (14.4) erhält man, wie üblich durch Kombination der Einheit A/m aus den Einheiten der anderen Naturkonstanten. In Abb. 14.1 sind einige Feldstärken aus Natur und Technik zusammengestellt. Die stärksten technisch herstellbaren Felder von etwa 10^8 A/m (ca. 100 T) erhält man durch Schockwellen-Kompression einer supraleitenden Spule. Dafür benutzt man die bei Atombomben übliche Implosionsmethode. Allerdings hat man nur Sekundenbruchteile zum Messen Zeit, und dann ist die Probe verdampft oder pulverisiert. Statische Felder kann man nur bis zu etwa 10^7 A/m (ca. 10 T) mit supraleitenden Spulen herstellen. Sie finden sich in den Geräten zur medizinischen Magnetresonanz-Tomographie. Gute Dauermagnete haben an ihrer Oberfläche etwa 10^6 A/m (ca. 1 T).

Im Niedrigfeldbereich findet man dasjenige unserer Erde und anderer Planeten in der Größenordnung von einigen A/m ($\approx \mu$T). Die Magnetfelder der elektrischen Ströme in unseren Nervenzellen sind an der Körperoberfläche noch etwa tausend- bis millionenmal kleiner. Um sie zu messen braucht einen Raum, in dem keinerlei Störfelder von umgebenden elektrischen Strömen oder von Radiowellen mehr existieren. Man erreicht dies, indem man diese Felder registriert und sie durch entgegengesetzt geschaltete Spulenströme kompensiert, sogenannte Helmholtz-Felder. In einem solchen magnetfeldfreien Raum lassen sich noch Feldänderungen von 10^{-9} A/m messen, und zwar mit supraleitenden Quanteninterferometern (SQUIDs). Dabei werden mit einer Halbleiteranordnung einzelne magnetische Flussquanten $\phi_0 = h/(2e_0) = 2{,}07 \cdot 10^{-15}$ Vs gezählt. In einem supraleitenden Ring kann das Magnetfeld nämlich nur diskrete Werte annehmen, die sich durch ϕ_0 unterscheiden und jeweils durch ein Cooper-Paar von Elektronen zustande kommen.

Wie oben erwähnt, haben viele Tiere Sinnesorgane für Magnetfelder: Vögel, Fische, Reptilien, Insekten und auch Bakterien. Sie können damit solche Felder „spüren" und orientieren sich so im Erdfeld. Die Sinnesorgane bestehen aus kleinen magnetischen Teilchen (Magnetosomen), die im Gewebe eingelagert sind

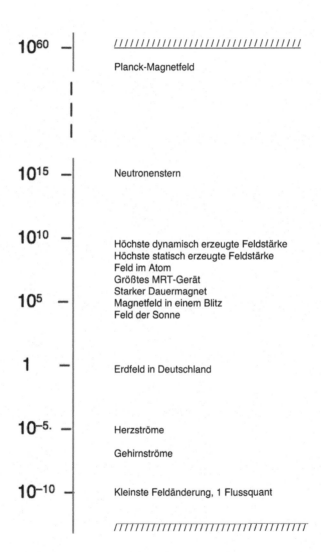

Abb. 14.1 Magnetfelder in Natur und Technik

und sich wie eine Kompassnadel im Magnetfeld drehen können. Ihre Orientierung wird durch Nervenzellen ans Gehirn weitergeleitet [16].

Nachwort

Wir sind einen weiten Weg gegangen, von James Bond und der Science Fiction bis zur Quantenelektrodynamik und zu den Schwarzen Löchern. Auf diesem Weg haben wir die Grenzen der Physik in Natur und Technik erkundet. Was wir dabei gefunden haben, das beschreibt die heutigen Möglichkeiten in unserer Welt und ihre Grenzen. Damit ist aber nicht gesagt, dass diese so bleiben müssen. Während des 20. Jahrhunderts sind unsere Kenntnisse der Natur sowie unsere technischen und medizinischen Fähigkeiten weit fortgeschritten. Man kann erwarten, dass sich diese Entwicklung fortsetzt, und dass unsere Grenzen weiter hinausgeschoben werden. Viele aktuelle Probleme warten auf eine Lösung: Aus was bestehen die Elementarteilchen? Was sind dunkle Materie und dunkle Energie? Gibt es intelligentes Leben auf anderen Planeten? Ist Krebs heilbar? Wie befriedigen wir unseren steigenden Energiebedarf? Wie entwickelt sich die Informationstechnik? usw. Die Wege zur Lösung solcher Fragen sind mühsam und steinig, aber sie sind gangbar. Albert Einstein hat das so treffend ausgedrückt: „Subtle is the Lord but he is not malicious." Es lohnt sich also, weiter zu forschen!

© Der/die Herausgeber bzw. der/die Autor(en), exklusiv lizenziert durch Springer Fachmedien Wiesbaden GmbH, ein Teil von Springer Nature 2021
K. Stierstadt, *Die Grenzen der Physik in Natur und Technik*, essentials, https://doi.org/10.1007/978-3-658-34802-1

Was Sie aus diesem *essential* mitnehmen können

- Die Grenzen unserer Erkenntnis sind durch die physikalischen Naturgesetze festgelegt.
- Bestimmte physikalische Größen sind prinzipiell einer Beschränkung unterworfen, wie zum Beispiel die Erhaltungssätze.
- Unsere technischen Möglichkeiten erlauben die Variation physikalischer Größen nur in nach oben und nach unten beschränkten Bereichen.
- Die Planck-Beziehungen für physikalische Größen definieren feste Grenzen für deren Geltungsbereiche.

© Der/die Herausgeber bzw. der/die Autor(en), exklusiv lizenziert durch Springer Fachmedien Wiesbaden GmbH, ein Teil von Springer Nature 2021
K. Stierstadt, *Die Grenzen der Physik in Natur und Technik*, essentials,
https://doi.org/10.1007/978-3-658-34802-1

Anhang

A. Die Möglichkeiten, Energie zu verteilen

Im Kap. 3 haben wir die Anzahl Ω der Möglichkeiten erwähnt, eine Anzahl von n Energiequanten auf N Teilchen oder Atome zu verteilen. Diese Zahl kann man berechnen; für kleine Zahlen im Kopf, für sehr große mit leistungsfähigen Rechnern. Man braucht die Zahl Ω um die Entropie eines Körpers zu bestimmen ($S = k \ln \Omega$). Die allgemeine Formel dafür lautet:

$$\Omega\,(n, N) = \frac{(n + N - 1)!}{n!(N - 1)!}. \tag{A.1}$$

Diese Beziehung macht man sich am besten mit einfachen Beispielen klar. In Abb. A.1 ist das grafisch erläutert.

Für große oder sehr große Zahlen braucht man allerdings eine Näherung, die Stirling-Formel für die Fakültät:

$$x! = \sqrt{2\pi x}\left(\frac{x}{e}\right)^x. \tag{A.2}$$

Sie ist schon für $x = 10$ auf 1 % genau. Bei der großen Zahl von Teilchen in einem Mol ($6 \cdot 10^{23}$), in makroskopischen Körpern genügt die Näherung auch ohne die Wurzel, das heißt: $\ln(x!) = x \ln x - x$.

© Der/die Herausgeber bzw. der/die Autor(en), exklusiv lizenziert durch
Springer Fachmedien Wiesbaden GmbH, ein Teil von Springer Nature 2021
K. Stierstadt, *Die Grenzen der Physik in Natur und Technik*, essentials,
https://doi.org/10.1007/978-3-658-34802-1

B. Thermodynamik von Wärme-Kraft-Maschinen

Hier besprechen wir ein Beispiel zum Zweiten Hauptsatz. Daraus wird ersichtlich, dass man Wärme nicht vollständig in Arbeit umwandeln kann. Denn das würde zur Abnahme der Entropie in einem abgeschlossenen System führen.

Wir betrachten die Energie- und Entropie-Verhältnisse in einer Wärme-Kraft-Maschine in einem abgeschlossenen System (Abb. A.2). Das ist zum Beispiel eine Dampfmaschine, ein Verbrennungsmotor, ein Strahltriebwerk usw. Das System besteht aus einer Wärmequelle (E_w), einer zyklisch arbeitenden Maschine (M), einem Arbeitsspeicher (A), einer Verlustsenke (V) und einem Kühler (E_k). Außen herum ist für jedes dieser fünf Bestandteile das Energie-Entropie-Diagramm skizziert (vgl. Abb. 3.1). Darin sind die jeweiligen Energieüberträge Q_w, W, E_V und Q_k eingetragen. Die Entropien der fünf Bestandteile summieren sich zur Gesamtentropie:

$$S_{ges} = S_w + S_M + S_A + S_k + S_V. \tag{A.3}$$

Die Änderung (Δ) der Gesamtentropie bei einem Zyklus der Maschine soll nach dem Zweiten Hauptsatz positiv sein:

$$\Delta S_{ges} = \Delta S_w + \Delta S_M + \Delta S_A + \Delta S_k + \Delta S_V \geq 0. \tag{A.4}$$

Weil die Maschine zyklisch läuft, das heißt, sich nach jedem vollen Umlauf wieder im gleichen Zustand befinden soll, ändert sich ihre Entropie dabei nicht ($\Delta S_M = 0$). Auch beim Arbeitsspeicher bleibt sie konstant. Hier wird zum Beispiel eine Masse Wasser in die Höhe gehoben, wobei sich ihre Entropie nicht verändert ($\Delta S_A = 0$). Von Gl. (A.4) bleibt dann nur noch

$$\Delta S_{ges} = \Delta S_w + \Delta S_k + \Delta S_V \geq 0. \tag{A.5}$$

übrig. Die Entropie des Systems nimmt ab, wenn Q_w der Wärmequelle entnommen wird ($\Delta S_w = Q_w/T_w < 0$). Und sie nimmt zu, wenn Q_k und E_V dem Kühler bzw. den Verlusten zugeführt wird ($\Delta S_k = Q_k/T_k > 0$, $E_V > 0$). Daher wird aus Gl. (A.5)

$$\Delta S_k + \Delta S_V \geq -\Delta S_w. \tag{A.6}$$

Weil ΔS_w negativ ist, wird die rechte Seite positiv. Die Summe von ΔS_k und ΔS_v muss größer sein als der Betrag von ΔS_w. Nach dem Zweiten Hauptsatz muss also mehr Entropie aus der Maschine an den Kühler und die Verluste abgeführt werden, als ihr aus der Wärmequelle zufließt. Das geht nur, wenn der Kühler eine genügend tiefe Temperatur hat, denn die Verluste sollen ja möglichst klein sein. Der Zweite Hauptsatz setzt also eine strenge Grenze für die Funktion einer solchen Maschine. Wenn sie dem nicht genügt, dann bleib sie stehen.

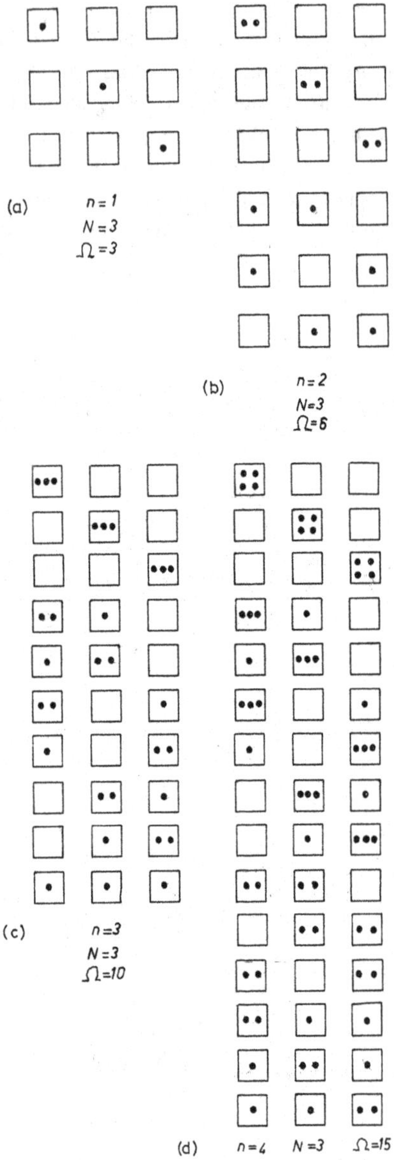

Abb. A.1
Verteilungsmuster von n
Energiequanten auf N
Teilchen oder Atome; Ω ist
die Vielfachheit

(a) $n = 1$
         $N = 3$
         $\Omega = 3$

(b) $n = 2$
         $N = 3$
         $\Omega = 6$

(c) $n = 3$
         $N = 3$
         $\Omega = 10$

(d) $n = 4$ $N = 3$ $\Omega = 15$

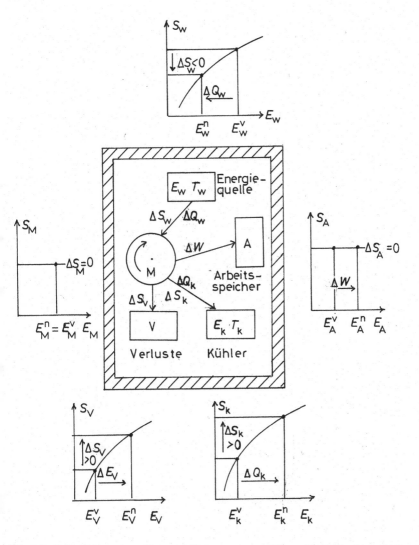

Abb. A.2 Schema eines abgeschlossenen Systems mit einer Wärme-Kraft-Maschine. Erklärung im Text. Die oberen Indizes bei E bedeuten v vor bzw. n nach einem Maschinenzyklus

Literatur

1. Tolan, M., Stolze, J.: Geschüttelt, nicht gerührt. Piper, München (2008)
2. Krauss, L.M.: Jenseits von Star Treck. Heyne, München (2002)
3. Morrison, P.P.: Zehn hoch. Spektrum d. Wiss, Heidelberg (1985)
4. Stierstadt, K.: Thermodynamische Potenziale und Zustandssumme. Springer, Wiesbaden (2020)
5. Stierstadt, K.: Thermodynamik für das Bachelorstudium. Springer, Heidelberg (2018)
6. Kraus, U., Borchers, M.: Fast lichtschnell durch die Stadt. Phys. i. u. Zeit **36**, 64 (2005)
7. Seifert, U.: Stochastic thermodynamics: From principles to the cost of precision. Phys. Rev. A **504**, 176 (2018)
8. Krausz, F., Ivanov, M.: Attosecond physics. Rev. Mod. Phys. **81**, 164 (2009)
9. Stierstadt, K.: Sind wir zu dumm zum Weiterleben? Ann. Europ. Akad. Wiss. Künste **10**, 73 (1995)
10. Leitenberger B.: *Grenzen der Naturwissenschaft,* www.bernd.leitenberger.de.
11. Stierstadt, K.: Thermodynamik. Springer, Heidelberg (2010)
12. Stierstadt, K.: Unser Klima und das Energieproblem. Springer, Wiesbaden (2020)
13. Stierstadt, K.: Temperatur und Wärme – was ist das wirklich? Springer, Wiesbaden (2020)
14. Bartelmann, M.: Das kosmologische Standardmodell. Springer, Berlin (2019)
15. *E-Feld*, https://www.didaktik.physik.uni-muenchen.de/multimedia/programme_applets/e_lehre/e_feld/index.html.
16. Stierstadt, K.: Ferrofluide im Überblick. Springer, Wiesbaden (2021)
17. Schwindt, J.-M.: Universum ohne Dinge. Springer, Berlin (2020)
18. Bratsberg, B., Rogeberg, O.: Flynn effect and its reversal are both environmentally caused. PNAS **115**, 6674 (2018)
19. Spitzer, M.: Werden wir dümmer? - Der Flynn-Effekt im Rückwärtsgang. Nervenheilk. **9**, 61 (2018)
20. https://www.laenderdaten.info/iq-nach-laendern.php.
21. https://de.wikipedia.org/wiki/Liste_der_Länder_nach_Bevölkerungswachstumsrate.

© Der/die Herausgeber bzw. der/die Autor(en), exklusiv lizenziert durch
Springer Fachmedien Wiesbaden GmbH, ein Teil von Springer Nature 2021
K. Stierstadt, *Die Grenzen der Physik in Natur und Technik*, essentials,
https://doi.org/10.1007/978-3-658-34802-1

}essentials{

Klaus Stierstadt

Temperatur und Wärme – was ist das wirklich?

Ein Überblick über die Definitionen in der Thermodynamik

Springer Spektrum

Jetzt im Springer-Shop bestellen:
springer.com/978-3-658-28644-6

Printed in the United States
by Baker & Taylor Publisher Services

Printed in the United States
by Baker & Taylor Publisher Services